高等学校艺术设计专业课程改革教材

室内软装饰设计教程
（第 3 版）

主　编　文　健　王　博　张巍巍
副主编　周可亮　关　未　胡　娉

清华大学出版社
北京交通大学出版社
·北京·

内 容 简 介

本书内容共分为六个项目。项目一介绍室内软装饰设计的基本概念和搭配原则，从宏观角度对室内软装饰设计的基本概念、特点、分类、设计流程、风格、搭配原则进行讲解；项目二介绍室内家具的设计与表现技法，主要从家具的概念、分类、风格特点、创意设计四个角度进行分类讲解；项目三介绍室内灯饰的设计与搭配技巧，主要从灯饰的概念、分类、搭配技巧三个角度进行分类讲解；项目四介绍室内布艺的设计与搭配技法，主要从布艺的概念、分类、搭配技巧三个角度进行分类讲解；项目五介绍室内陈设品的设计与搭配技巧，主要从陈设品的概念、分类、搭配技巧三个角度进行分类讲解；项目六是优秀室内软装饰设计案例欣赏，旨在提升读者的审美素养。

图书在版编目（CIP）数据

室内软装饰设计教程／文健，王博，张巍巍主编. -- 3 版. -- 北京：北京交通大学出版社：清华大学出版社，2024. 9. -- ISBN 978-7-5121-5367-7

Ⅰ. TU238

中国国家版本馆 CIP 数据核字第 2024YP5661 号

室内软装饰设计教程
SHINEI RUANZHUANGSHI SHEJI JIAOCHENG

责任编辑：吴嫦娥
出版发行：清 华 大 学 出 版 社　　邮编：100084　　电话：010-62776969
　　　　　北京交通大学出版社　　邮编：100044　　电话：010-51686414
印 刷 者：北京虎彩文化传播有限公司
经　　销：全国新华书店
开　　本：210 mm×285 mm　　印张：10　　字数：353 千字
版 印 次：2011 年 6 月第 1 版　2024 年 9 月第 3 版　2024 年 9 月第 1 次印刷
定　　价：59.00 元

本书如有质量问题，请向北京交通大学出版社质监组反映。对您的意见和批评，我们表示欢迎和感谢。
投诉电话：010-51686043，51686008；传真：010-62225406；E-mail：press@bjtu.edu.cn。

前　言

　　"室内软装饰设计教程"是环境艺术设计和室内设计专业的一门必修专业课，同时也是家具设计、展示设计和产品设计专业的一门专业选修课。所谓室内软装饰设计，是指在室内基础装修完毕之后，利用那些易更换、易变动位置的饰物与家具，如窗帘、地毯、靠垫、台布、装饰工艺品、灯饰、沙发、座椅、餐具等，对室内空间进行二度陈设与装饰的一门新兴设计学科。软装饰设计更能体现出空间使用者的品位和审美素养，是营造室内空间氛围的点睛之笔，它打破了传统的装修行业界限，将家具、灯饰、工艺品、陈设品、布艺、植物等进行重新组合，形成一个新的理念，丰富了空间的形式，满足了空间的个性化需求。

　　本教材内容共分为六个项目。项目一介绍室内软装饰设计的基本概念和搭配原则，从宏观角度对室内软装饰设计的基本概念、特点、分类、设计流程、风格、搭配原则进行讲解；项目二介绍室内家具的设计与表现技法，主要从家具的概念、分类、风格特点、创意设计四个角度进行分类讲解；项目三介绍室内灯饰的设计与搭配技巧，主要从灯饰的概念、分类、搭配技巧三个角度进行分类讲解；项目四介绍室内布艺的设计与搭配技法，主要从布艺的概念、分类、搭配技巧三个角度进行分类讲解；项目五介绍室内陈设品的设计与搭配技巧，主要从陈设品的概念、分类、搭配技巧三个角度进行分类讲解；项目六是优秀室内软装饰设计案例欣赏，旨在提升读者的审美素养。

　　本教材严格按照高职教育人才培养方案规定的培养目标进行编写，注重理论的创新，将创新意识和创新能力培养作为训练的项目和作业，促进学生创新思维的建立和创新能力的提高。本教材在编写思路上注重理论与实践的有机结合，将室内软装饰设计的理论与具象、直观的设计图片、设计案例和现场示范结合起来论述，增强了教材的艺术性和直观性，提高了学生的学习兴趣。同时，本教材的主要特色是重视对学生的实践能力和创新思维能力的培养，结合行动导向的教学模式，注重对设计生产过程中典型工作任务的分析与提炼，工学结合，以项目化、任务化的方式将项目分解成若干个任务模块，按照由易到难、由简单到复杂、由抽象到具象的规律逐步训练学生的室内软装饰设计能力和搭配能力。

　　本教材于2011年首次出版，2017年修订出版第2版，多年来一直受到读者的好评，重复印刷了8次，经过7年的时间，第2版教材中的一些图片已经过时，本次第3版修订过程中更新了部分图片，梳理和完善了部分理论，使内容更加完整，更具时代性。由于编者的学术水平有限，本书可能存在一些不足之处，敬请读者批评指正。

文　健

2024.9

目　录

室内软装饰设计的基本概念和搭配原则

【学习目标】

1. 了解室内软装饰设计的基本概念和特点；

2. 掌握室内软装饰设计的分类和流程；

3. 了解室内软装饰设计的风格；

4. 掌握室内软装饰设计的搭配原则。

【教学方法】

1. 讲授结合图片展示，通过对室内软装饰设计基本概念的分析与讲解，让学生了解室内软装饰设计的主要内容、设计程序、设计风格、搭配原则，启发和引导学生的设计思维，提升学生室内软装饰设计的审美能力和动手绘制能力；

2. 遵循教师为主导、学生为主体的原则，采用启发式提问结合课堂练习相结合的教学方式，调动学生积极思考，鼓励学生探究软装饰设计的美学规律。

【学习要点】

1. 掌握室内软装饰设计的流程，并能根据具体的室内空间进行初步的室内软装饰设计方案的制作；

2. 能编辑室内软装饰设计方案文本。

任务一　了解室内软装饰设计的基本概念

【学习目标】

1. 了解室内软装饰设计的基本概念；

2. 了解室内软装饰的分类；

3. 掌握室内软装饰设计的流程。

图片欣赏

【教学方法】

1. 讲授结合图片展示，通过对室内软装饰设计基本概念的分析与讲解，让学生了解室内软装饰设计的主要内容和设计程序，启发和引导学生的设计思维，提升学生的室内软装饰设计审美能力；

2. 遵循教师为主导、学生为主体的原则，采用启发式提问结合设计作品的分析与点评的教学方式，调动学生积极思考，鼓励学生探究软装饰设计的美学规律。

【学习要点】

1. 掌握室内软装饰设计的流程，并能根据具体的室内空间进行初步的室内软装饰设计方案的制作；

2. 能编辑室内软装饰设计方案文本。

一、室内软装饰设计的基本概念

所谓室内软装饰设计，是指在室内基础装修完毕之后，利用那些易更换、易变动位置的饰物与家具，如窗帘、地毯、靠垫、台布、装饰工艺品、灯饰、沙发、座椅、餐具等，对室内空间进行二度陈设与装饰的一门新兴设计学科。软装饰设计更能体现出空间使用者的品位和审美素养，是营造室内空间氛围的点睛之笔，它打破了传统的装修行业界限，将家具、灯饰、工艺品、陈设品、布艺、植物等进行重新组合，形成一个新的理念，丰富了空间的形式，满足了空间的个性化需求。

室内软装饰设计是一门综合性学科，它所涉及的范围非常广泛，包括美学、光学、色彩学、哲学和心理学等知识。在具体设计时还应根据室内空间的大小、形状、使用性质、功能和美学需求进行整体策划和布置，具有鲜明的特点。

1. 室内软装饰设计强调"以人为本"的设计宗旨

室内软装饰设计的主要目的就是创造舒适美观的室内环境，满足人们多元化的物质和精神需求，确保人们在室内的安全和身心健康，综合处理人与环境、人际交往等多项关系。科学地了解人的生理、心理特点和视觉感受对室内软装饰设计，是非常重要的。

2. 室内软装饰设计体现多元化的艺术诉求

不同的历史时期和社会形态会使人们的价值观和审美观产生较大的差异，对室内软装饰设计的发展也起了积极的推动作用。新材料、新工艺的不断涌现和更新，为室内软装饰设计提供了无穷的设计素材和灵感。室内软装饰设计要配合人们不同时期的艺术审美诉求，以多元化的设计理念，融合不同风格的艺术特点，运用物质技术手段结合艺术美学，创造出具有表现力和感染力的室内空间形象，使室内设计更加为大众所认同和接受。

3. 室内软装饰设计是一门持续发展的学科

室内软装饰设计的一个显著特点就是它对由于时间的推移而引起的室内功能的改变显得特别突出和敏感。当今社会生活节奏日益加快，室内功能也趋于复杂和多变，装饰材料、室内设备的更新换代不断加快，室内设计的"无形折旧"更趋明显，人们对室内环境的审美也随着时间的推移而不断改变。这就要求室内设计师必须时刻站在时代的前沿，创造出具有时代特色和文化内涵的室内空间。在倡导绿色设计、生态设计的大环境下，室内软装饰设计为室内设计师实现空间的美学转换提供了可能。

二、室内软装饰设计的分类

室内软装饰设计按室内空间的使用功能可分为家居空间软装饰设计和公共空间软装饰设计；按材料和工艺可分为室内家具设计、室内灯饰设计、室内布艺设计和室内陈设品设计。

家居空间软装饰设计是指针对室内居住空间，如客厅、餐厅、卧室、书房等进行的软装饰设计，它应根据空间的整体设计风格及主人的生活习惯、兴趣爱好和经济情况，设计出符合主人个性品位，且经济、实用的室内空间环境。家居空间软装饰设计如图1-1所示。

公共空间软装饰设计是指针对室内公共空间，如酒店、会所、餐馆、办公室等进行的软装饰设计，它应根据具体空间的整体设计风格和功能需求，设计出符合特定的空间使用性质，展现空间氛围的室内空间环境。公共空间软装饰设计如图1-2和图1-3所示。

家具是指在生活、工作和社会活动中供人们坐、卧、支撑和存储物品用的设备和器具。家具设计是指用图形（或模型）和文字说明等方法，表达家具的造型、功能、尺度、色彩、材料和结构的设计学科。

灯饰是指用于室内照明和装饰的灯具。灯饰设计是指对灯具的造型、色彩、材料和结构进行的设计。

布艺是指以布为主料，经过艺术加工，达到一定的艺术效果，满足室内装饰要求的纺织制品。室内布艺设计包括对窗帘、地毯、靠垫、台布等纺织物的色彩、样式和图案进行的选择与布置。

陈设品是指用来美化和强化室内环境视觉效果的、具有观赏价值和文化意义的室内展示物品，包括工艺品、艺术品、挂画、餐具、茶具等。室内陈设品设计要注意体现民族文化和地方文化，还应注意与室内整体格调相协调。

图 1-1 家居空间软装饰设计

图 1-2 公共空间软装饰设计（1）

图 1-3　公共空间软装饰设计（2）

　　室内家具设计、灯饰设计、布艺设计、陈设品设计都是室内软装饰设计的重要组成部分，它们的选择与布置对室内环境的装饰效果起着重大的作用。室内家具设计如图 1-4、图 1-5 所示，室内灯饰设计、室内布艺设计、室内陈设品设计分别如图 1-6、图 1-7、图 1-8 所示。

图 1-4　室内家具设计（1）

图 1-5　室内家具设计（2）

图 1-6　室内灯饰设计

图 1-7　室内布艺设计

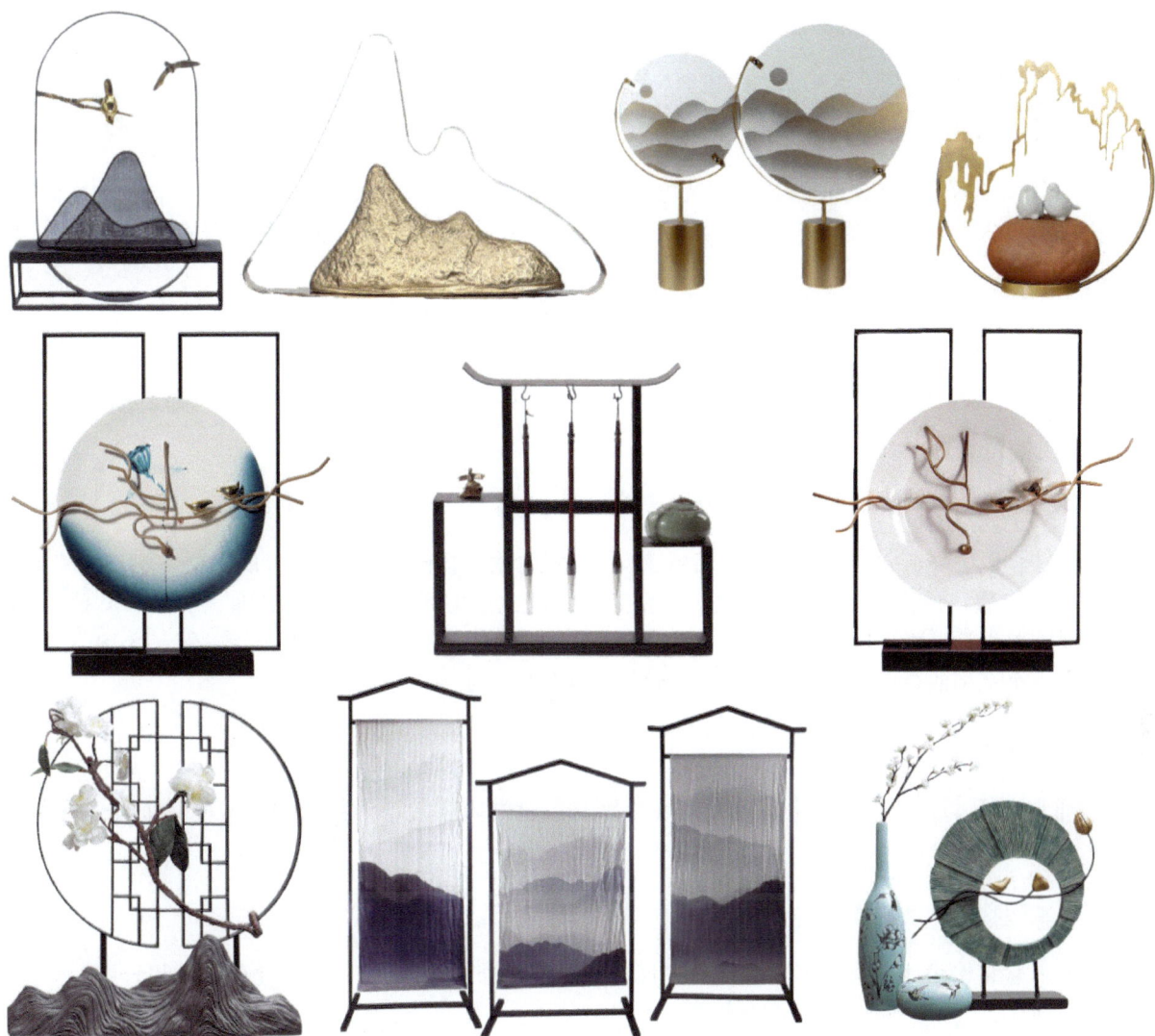

图 1-8　室内陈设品设计

三、室内软装饰设计的流程

室内软装饰设计本质上是对室内装饰物品进行的有序组合，其设计流程如下。

1. 首次空间测量

工具：尺子（5 m）、相机。

工作流程如下。

（1）了解空间尺度、硬装基础。

（2）测量现场尺寸，并绘制出室内空间平面图和立面图。

（3）现场拍照，记录室内空间的形态。

工作要点：测量时间是在硬装修完成后，在构思配饰产品时对空间尺寸要把握准确，按比例进行设计布置。

2. 生活方式探讨

就以下四个方面与客户沟通，努力捕捉客户深层次的需求：

（1）空间流线和生活动线；

（2）生活习惯；

（3）文化喜好和风格喜好；

（4）宗教禁忌。

3. 色彩元素探讨

详细观察和了解硬装现场的色彩关系及色调，对整体室内软装饰设计方案的色彩要有总的控制，把握三个大的色彩关系，即背景色、主体色和点缀色。室内色彩关系务必做到既统一又有变化，并且符合生活要求。

4. 风格元素探讨

与客户探讨室内软装饰的装饰风格，明确风格定位，尽量通过室内软装饰的合理搭配完善和弥补硬装修的缺陷。

5. 初步设计构思和初步室内软装饰设计方案的制作

设计师综合以上环节并结合室内平面布置图，制作室内软装饰设计方案初步布局图，并初步选配家具、布艺、灯饰、饰品、画品、花品、日用品等，注意产品的比重关系（家具60%、布艺20%、其他20%）。初步室内软装饰设计方案可以在色彩、风格、产品、款型认可的前提下作两份报价，一个中档，一个高档，以便客户有一个选择的余地。初步室内软装饰设计方案如图1-9～图1-29所示。

6. 二次空间测量

设计师带着初步室内软装饰设计方案到现场反复考量室内软装饰的搭配情况，并对细部进行纠正，反复感受现场的合理性。

7. 签订室内软装饰设计合同

初步室内软装饰设计方案经客户确认后签订《室内软装饰设计合同》，并按比例收取设计费。

绿地东海岸-滇池畔酒店式公寓样板间软装方案

GREENLAND EAST COAST APARTMENTS FF&E / HPID

图1-9　初步室内软装饰设计方案（1）

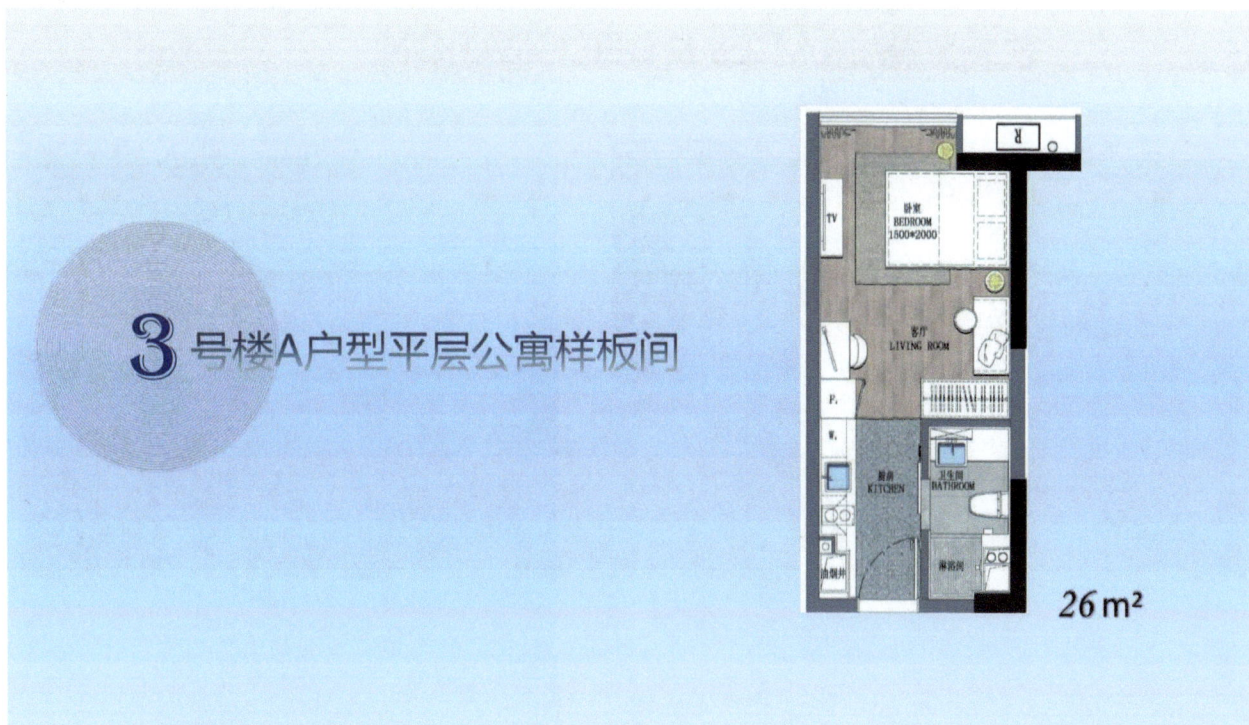

3号楼A户型平层公寓样板间

卧室
BEDROOM
1800*2000

客厅
LIVING ROOM

TV

厨房
KITCHEN

卫生间
BATHROOM

26 m²

图1-10　初步室内软装饰设计方案（2）

平层公寓A户型

居住者：

花卉拍卖中心/主管级经理

图1-11　初步室内软装饰设计方案（3）

软装风格 IMAGES & DECORATION
亲近自然·返璞归真时尚风

图 1-12 初步室内软装饰设计方案（4）

RENDERING 效果图

索引图KEY PLAN

图 1-13 初步室内软装饰设计方案（5）

RENDERING 效果图

索引图KEY PLAN

图 1-14　初步室内软装饰设计方案（6）

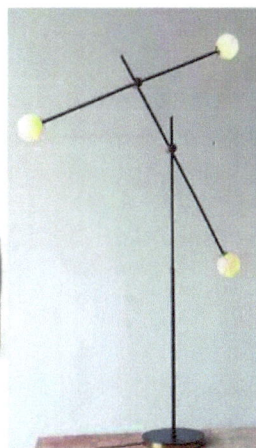

客厅/LIVING ROOM

图 1-15　初步室内软装饰设计方案（7）

卧室/BEDROOM

图 1-16　初步室内软装饰设计方案（8）

客厅/卧室/ LIVING ROOM /BEDROOM

图 1-17　初步室内软装饰设计方案（9）

厨房/KITCHEN

图 1-18　初步室内软装饰设计方案（10）

卫生间/ BATHROOM

图 1-19　初步室内软装饰设计方案（11）

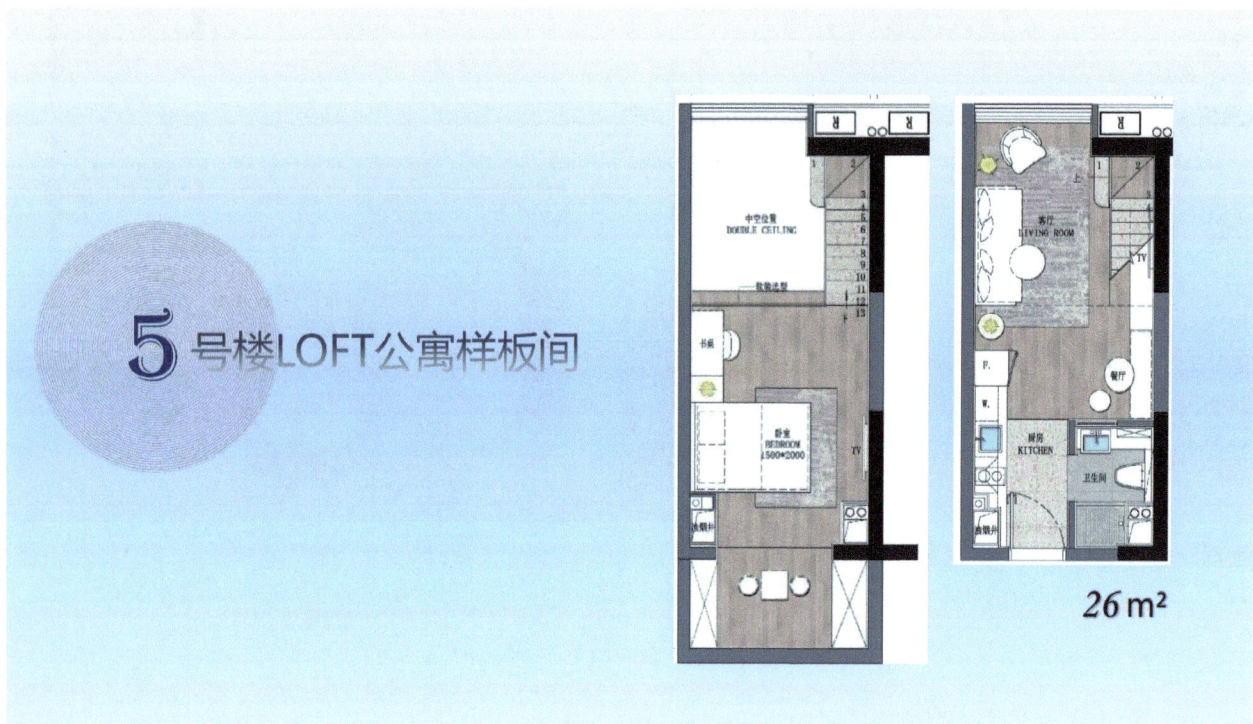

5号楼LOFT公寓样板间

中空位置
DOUBLE CEILING

软装造型

书桌

卧室
BEDROOM
1500*2000

TV

客厅
LIVING ROOM

餐厅

厨房
KITCHEN

卫生间

26 m²

图 1-20　初步室内软装饰设计方案（12）

双钥匙公寓上层户型

居住者：

独立策展人

FASHION

COLORS

TRENDS

图 1-21　初步室内软装饰设计方案（13）

软装风格 IMAGES & DECORATION
当代精神，都会时尚风

图 1-22 初步室内软装饰设计方案（14）

RENDERING 效果图

索引图KEY PLAN

图 1-23 初步室内软装饰设计方案（15）

RENDERING 效果图

索引图KEY PLAN

图 1-24 初步室内软装饰设计方案（16）

RENDERING 效果图

索引图KEY PLAN

图 1-25 初步室内软装饰设计方案（17）

客厅/LIVING ROOM

图 1-26 初步室内软装饰设计方案（18）

卧室/BEDROOM

图 1-27 初步室内软装饰设计方案（19）

厨房/KITCHEN

图 1-28　初步室内软装饰设计方案（20）

卫生间/ BATHROOM

图 1-29　初步室内软装饰设计方案（21）

8. 配饰元素信息采集

（1）家具选择：先进行品牌选择和市场考察，然后定制家具，要求供货商提供家具设计 CAD 图、产品列表和报价单。

（2）布艺和灯饰选择：先进行产品考察，然后选择与室内设计风格相对应的产品，制作产品列表和报价表。

9. 方案讲解

将初步室内软装饰设计方案制作成 PPT 文件，并详细、系统地介绍给客户。在介绍过程中不断听取客户的意见，以便下一步对方案进行修改。

10. 方案修改

在与客户进行完方案讲解后，针对客户反馈的意见进行方案修改，包括色彩调整、风格调整、配饰元素调整和价格调整。

11. 确定配饰产品

与客户签订采购合同之前，先与配饰产品厂商核定产品的价格及存货，再与客户确定配饰产品的采购。

12. 购买产品

在客户签订采购合同后，按照设计方案的排序进行配饰产品的采购与定制。一般情况下，配饰项目中的家具先确定并采购（需 30 ～ 45 天），然后是布艺和灯饰（需 10 天左右），最后是其他配饰产品。

13. 进场安装摆放

作为室内陈设设计师，室内软装饰的布置和摆放的能力非常重要。布置和摆放时一般按照"家具—布艺—画品—饰品"的顺序进行调整和摆放。每次产品到场，都需要设计师亲自参与摆放。

思　考　题

1. 什么是室内软装饰设计？
2. 室内软装饰设计有哪些特点？
3. 家居空间软装饰设计应注意哪些问题？

任务二　了解室内软装饰设计的风格

图片欣赏

【学习目标】

1. 了解室内软装饰设计的主要风格；
2. 能根据设计风格将室内软装饰品进行归类整理。

【教学方法】

1. 讲授结合图片展示，通过对室内软装饰设计风格的分析与讲解，让学生了解不同风格室内软装饰品的特征和搭配方式，启发和引导学生的设计思维，提升学生的室内软装饰设计审美能力；

2. 遵循教师为主导、学生为主体的原则，采用启发式提问结合设计作品的分析与点评的教学方式，调动学生积极思考，鼓励学生探究软装饰设计的美学规律。

【学习要点】

1. 了解室内软装饰设计的主要风格，并能根据设计风格整理室内软装饰品；
2. 能编辑不同风格的室内软装饰设计方案文本。

一、室内软装饰设计风格的含义

风格即风度品格，它体现着设计创作中的艺术特色和个性。室内软装饰设计风格是指室内软装饰陈设所营造出来的特定的艺术特性和品格。它蕴含着人们对室内空间的使用要求和审美需求，展现出不同的历史文化内涵，改造了人们的生活方式，创新了生活理念，越来越受到人们的关注。

二、室内软装饰设计风格的分类

室内软装饰设计风格主要分为欧式古典风格、中式风格、现代简约风格和新地方主义风格四大类。

1. 欧式古典风格

欧式古典风格室内软装饰设计是以欧洲古代经典的建筑装饰设计为依托，将历史上已有的造型样式、装饰图案和室内陈设运用到住宅内部空间的装饰上，营造出精美、奢华、富丽堂皇的室内效果的设计形式。欧式古典风格室内软装饰设计的经典造型样式包括古希腊的柱式及古罗马的券拱、壁炉和雕花石膏线条等。在造型设计上讲究对称手法，体现出庄重、大气、典雅的特点。

欧式古典风格室内软装饰设计的代表性装饰式样与室内陈设如下。

（1）极富动感和空间感的装饰壁画。

（2）带有纹理的、精致的磨光大理石。

（3）比例精准、姿态优美的人物雕塑。

（4）以卷形草叶和漩涡形曲线为主的装饰墙布。

（5）以金箔、宝石、水晶和青铜材料配合精美手工布艺、皮革制作而成的家具、灯饰和陈设品。

（6）多重皱的罗马窗帘、精美的波斯纹样地毯、豪华的艺术造型水晶吊灯等。

欧式古典风格室内软装饰设计如图1-30和图1-31所示。

2. 中式风格

中式风格的室内软装饰设计以中国传统文化为基础，具有鲜明的民族特色。中式风格的室内装饰以木材为主，家具和门窗也多采用木制品，室内布局匀称、均衡，井然有序，注重与周围环境的和谐、统一，体现出中国传统设计理念中崇尚自然、返璞归真，以及天人合一的思想。

中式风格的室内软装饰设计，从造型样式到装饰图案均表现出端庄的气度和儒雅的风采。其代表性装饰式样与室内陈设如下。

（1）墙面的装饰物有手工编织物（如刺绣、传统服饰等）、中国传统绘画（如花鸟、人物、山水等）、书法作品、对联等。

（2）地面铺手工编织地毯，图案常用"回"字纹。

（3）家具以明清时期的代表家具为主，如榻、条案、圈椅、太师椅、炕桌等。

（4）家具的靠垫、卧室的枕头和装饰台布常用绸、缎、丝等做材料，表面用刺绣或印花图案做装饰。红、黑或宝石蓝为主调，既热烈又含蓄，既浓艳又典雅。还可绣上"福""禄""寿""喜"等字样，或者是龙凤呈祥之类的中国吉祥图案。

（5）室内灯饰常用木制灯或羊皮灯，结合中式传统木雕图案，灯光多用暖色调，营造出温馨、柔和的氛围。

（6）室内陈设品常用玉石、唐三彩、青花瓷器、藤编、竹编、盆景、民间工艺品（如泥人、布老虎、金银器、中国结等）。

（7）家具、字画和陈设品的摆放多采用对称的形式和均衡的手法，这种格局是中国传统礼教精神的直接反映。

图 1-30　欧式古典风格室内软装饰设计（1）

图 1-31　欧式古典风格室内软装饰设计（2）

中式风格的室内软装饰设计还常常巧妙地运用隐喻和借景的手法，创造出一种安宁、和谐、含蓄而清雅的意境，如图 1-32 和图 1-33 所示。

图 1-32　中式风格室内软装饰设计（1）

图 1-33　中式风格室内软装饰设计（2）

3. 现代简约风格

现代简约主义也称为功能主义，是工业社会的产物，兴起于 20 世纪初的欧洲，提倡突破传统、创造革新、重视功能和空间组织，注重发挥结构构成本身的形式美，造型简洁，崇尚合理的构成工艺；尊重材料的特性，讲究材料自身的质地；强调设计与工业生产的联系；提倡技术与艺术相结合，把合乎目的性、合乎规律性作为艺术的标准，并延伸到空间设计中，主张设计为大众服务。现代简约风格的核心内容是采用简洁的形式达到低造价、低成本的目的，并营造出朴素、纯净、雅致的空间氛围。

现代简约风格室内软装饰设计的代表性装饰式样与室内陈设如下。

（1）提倡功能至上，反对过度装饰，主张使用白色、灰色等中性色彩，室内结构空间多采用方形组合，在处理手法上主张流动空间的新概念。

（2）强调室内空间形态和构件的单一性、抽象性，追求材料、技术和空间表现的精确度。常运用几何要素（如点、线、面、体块等）来对家具进行组合，从而让人感受到简洁明快的时代感和抽象的美。

（3）室内常采用玻璃、浅灰色石材、不锈钢等光洁、明亮的材料。室内家具与灯饰崇尚设计意念，造型简洁，讲究人体工学。

（4）室内陈设品简单、抽象，往往采用较纯的色彩，造成一定的视觉变化。

现代简约风格室内软装饰设计如图 1-34 和图 1-35 所示。

图 1-34　现代简约风格室内软装饰设计（1）

图 1-35　现代简约风格室内软装饰设计（2）

4. 新地方主义风格

新地方主义风格是指在室内软装饰设计中强调地方特色和民俗风格，提倡因地制宜的乡土味和民族化的风格形式；倡导回归自然的设计手法，推崇自然与现代相结合的设计理念；室内多采用当地的原木、石材、板岩和藤制品等天然材料，色彩多为纯正天然的色彩，如矿物质的颜色；材料的质地较粗，并有明显、纯正的肌理纹路；强调自然光的引进，整体空间效果呈现出清新、淡雅的氛围。

新地方主义风格室内软装饰设计的代表性装饰式样与室内陈设如下。

（1）由于地域的差异，没有严格的一成不变的规则和模式，自由度较大，以反映某个地区的艺术特色和民间工艺水平为主。

（2）设计中尽量使用地方材料和做法，如保持自然纹理和木本色的家具、古朴的铁艺灯饰、藤编的工艺品、草编的地毯、印花的织物等，营造出乡土气息，造成朴素、原始的感觉。

（3）注重与当地环境和风土人情的融合，从地方传统中汲取营养。

新地方主义风格室内软装饰设计如图 1-36 ～图 1-38 所示。

图 1-36　新地方主义风格——美式涂鸦风格室内软装饰设计

图 1-37 新地方主义风格——田园风格室内软装饰设计

图 1-38 新地方主义风格——南洋风格室内软装饰设计

1. 欧式古典风格室内软装饰设计的代表性装饰式样与室内陈设有哪些？
2. 中式风格室内软装饰设计的代表性装饰式样与室内陈设有哪些？
3. 现代简约风格室内软装饰设计的代表性装饰式样与室内陈设有哪些？
4. 新地方主义风格室内软装饰设计的代表性装饰式样与室内陈设有哪些？

任务三　掌握室内软装饰设计的搭配原则

【学习目标】

1. 掌握室内软装饰设计的搭配原则；
2. 能根据室内软装饰设计的形式美法则搭配室内软装饰品。

图片欣赏

【教学方法】

1. 讲授结合图片展示，通过对室内软装饰设计的形式美法则的分析与讲解，让学生掌握室内软装饰设计的搭配原理和技巧，启发和引导学生的设计思维，提升学生的室内软装饰设计配搭和组合能力；

2. 遵循教师为主导、学生为主体的原则，采用案例分析法、课堂练习法、头脑风暴法等教学方式，调动学生积极思考，培养学生的抽象思维能力。

【学习要点】

1. 掌握室内软装饰设计的形式美法则，并能根据这些法则搭配室内软装饰品；
2. 能配搭不同风格的室内软装饰品。

室内软装饰设计的搭配原则是指在进行室内软装饰布置和设计时应遵循的原理和法则。它主要包含两个方面的内容，即室内软装饰设计的构成法则和室内软装饰设计的形式美法则。室内软装饰设计的构成法则主要是指将室内软装饰陈设品按照抽象的点、线、面进行组合和合理搭配的设计法则；室内软装饰设计的形式美法则主要包括协调与对比、统一与变化和节奏与韵律三个方面的内容。

一、室内软装饰设计的构成法则

1. 点

点在概念上是指只有位置而没有大小，没有长、宽、高和方向性的静态的形。空间中较小的形都可以称为点。点在室内软装饰设计中有非常突出的作用：单独的点具有强烈的聚焦作用，可以成为室内的中心；对称排列的点给人以均衡感；连续的、重复的点给人以节奏感和韵律感；不规则排列的点，给人以方向感和方位感。

点在室内软装饰设计中无处不在，一盏灯、一盆花或一个靠垫，都可以看作一个点。点既可以是一件工艺品，宁静地摆放在室内；也可以是闪烁的烛光，给室内带来韵律和动感。点可以增加空间层次，活跃室内气氛。示例如图 1-39 和图 1-40 所示。

2. 线

线是点移动的轨迹，点连接形成线。线具有生长性、运动性和方向性。线有长短、宽窄和直曲之分，在室内软装饰设计中凡长度方向较宽度方向大得多的构件都可以被视为线，如竖向条纹的墙布、地毯及曲线造型的灯饰等。常见的线分为直线和曲线两种。

图 1-39　点在室内软装饰设计中的应用（1）

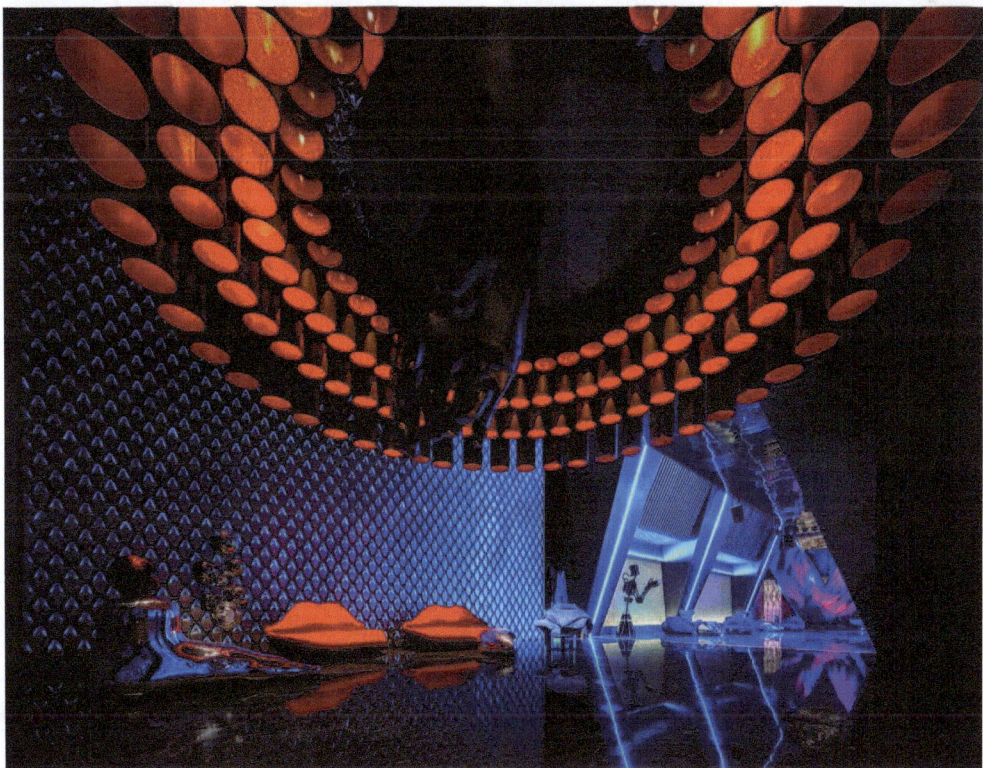

图 1-40　点在室内软装饰设计中的应用（2）

1）直线

直线具有男性的特征，刚直挺拔，力度感较强。直线分为水平线、垂直线和斜线。水平线使人觉得宁静和轻松，给人以稳定、舒缓、安静、平和的感觉，可以使空间更加开阔，在层高偏高的空间中通过水平线可以造成空间降低的感觉；垂直线能表现一种与重力相均衡的状态，给人以向上、崇高和坚韧的感觉，使空间的伸展感增强，在低矮的空间中使用垂直线，可以造成空间增高的感觉；斜线具有较强的方向性和强烈的动感特征，使空间产生速度感和上升感。示例如图 1-41 和图 1-42 所示。

2）曲线

曲线具有女性的特征，表现出一种由侧向力引起的弯曲运动感，显得柔软丰满、轻松幽雅。曲线分为几何曲线和自由曲线。几何曲线包括圆、椭圆和抛物线等规则型曲线，具有均衡、秩序和规整的特点；自由曲线是一种不规则的曲线，包括波浪线、螺旋线和水纹线等，它富于变化和动感，具有自由、随意和优美的特点。在室内软装饰设计中，经常运用曲线来达到轻松、自由的空间效果。示例如图 1-43 和图 1-44 所示。

3. 面

线的并列形成面，面可以看成由一条线移动展开而成的，直线展开形成平面，曲线展开形成曲面。面可以分为规则的面和不规则的面。规则的面包括对称的面、重复的面和渐变的面等，具有和谐、规整和秩序的特点；不规则的面包括对比的面、自由性的面和偶然性的面等，具有变化、生动和趣味的特点。示例如图 1-45 ～图 1-47 所示。

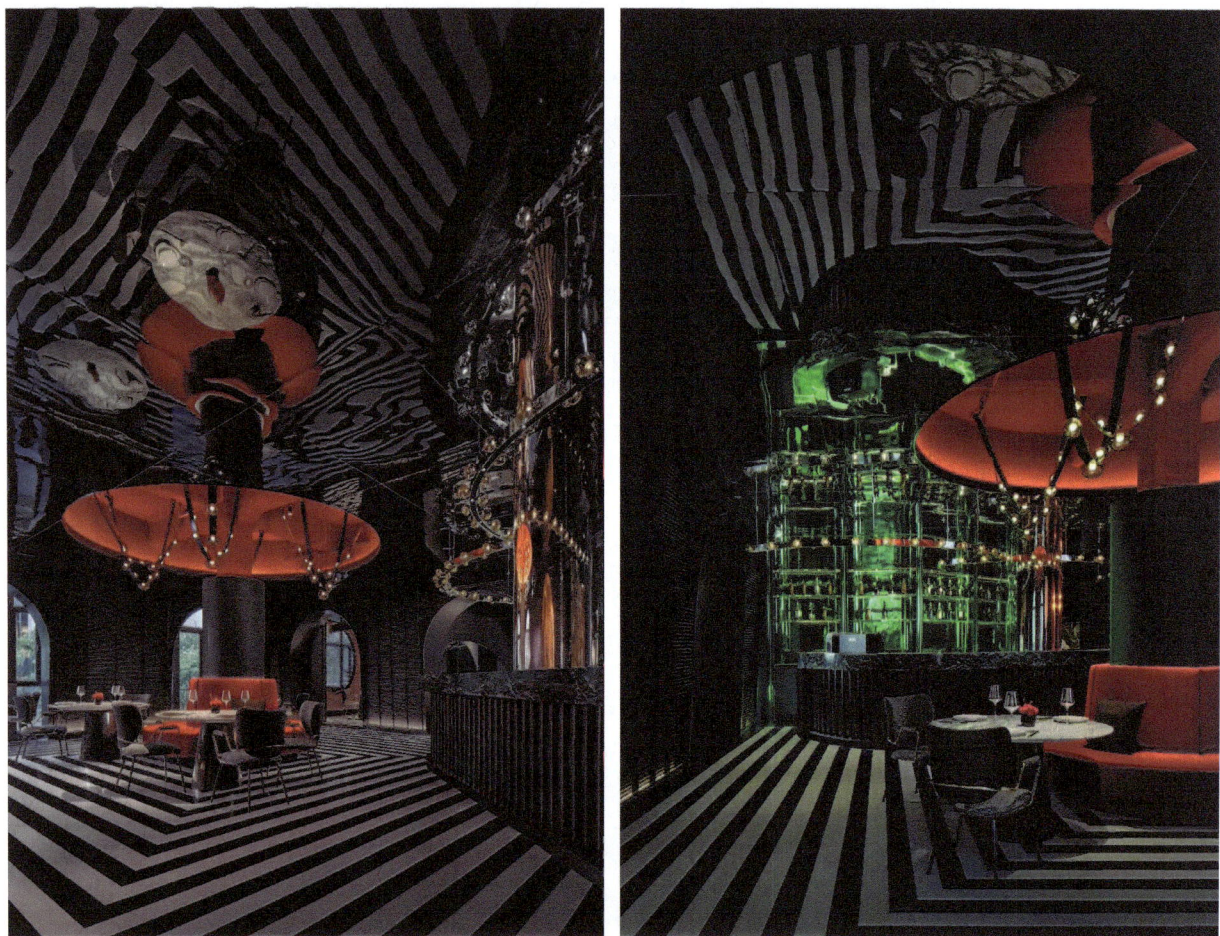

图 1-41 直线在室内软装饰设计中的应用（1）

图 1-42　直线在室内软装饰设计中的应用（2）

图 1-43　曲线在室内软装饰设计中的应用（1）

图 1-44　曲线在室内软装饰设计中的应用（2）

图 1-45　质感对比的面在室内软装饰设计中的应用

图 1-46　对称的面在室内软装饰设计中的应用

图 1-47　自由的面在室内软装饰设计中的应用

二、室内软装饰设计的形式美原则

1. 协调与对比

室内软装饰设计的协调是指在搭配室内的软装饰陈设品时，应注意在风格、样式、材料和色彩等方面的和谐统一，避免搭配时的无序混搭；室内软装饰设计的对比是指在搭配室内的软装饰陈设品时，应注意在和谐统一的前提下，适当地在样式、材料和色彩等方面进行差异变化，避免搭配时由于过度协调而造成呆板感。室内软装饰设计应本着"大协调、小对比"原则进行搭配。协调与对比在室内软装饰设计中的应用如图 1-48 和图 1-49 所示。

2. 统一与变化

室内软装饰设计的统一是指在搭配室内的软装饰陈设品时，应注意在风格、造型、色彩和环境氛围等方面的协调关系，使室内的整体效果和谐、统一；室内软装饰设计的变化是指在搭配室内的软装饰陈设品时，应注意在统一的前提下，适当地在造型、色彩和照明等方面进行差异变化。例如：造型的曲直、方圆变化，色彩的冷暖、鲜灰、深浅变化，照明的强弱、虚实变化，等等。统一与变化在室内软装饰设计中的应用如图 1-50 和图 1-51 所示。

3. 节奏与韵律

在搭配室内软装饰陈设品时，应利用有规律的、连续变化的形式形成室内的节奏感和韵律感，以丰富室内空间的视觉效果。节奏与韵律的表现可以通过多变的造型、多样的色彩和动感强烈的灯光来实现。节奏与韵律在室内软装饰设计中的应用如图 1-52 和图 1-53 所示。

图 1-48 协调与对比在室内软装饰设计中的应用（1）

图 1-49 协调与对比在室内软装饰设计中的应用（2）

图 1-50 统一与变化在室内软装饰设计中的应用（1）

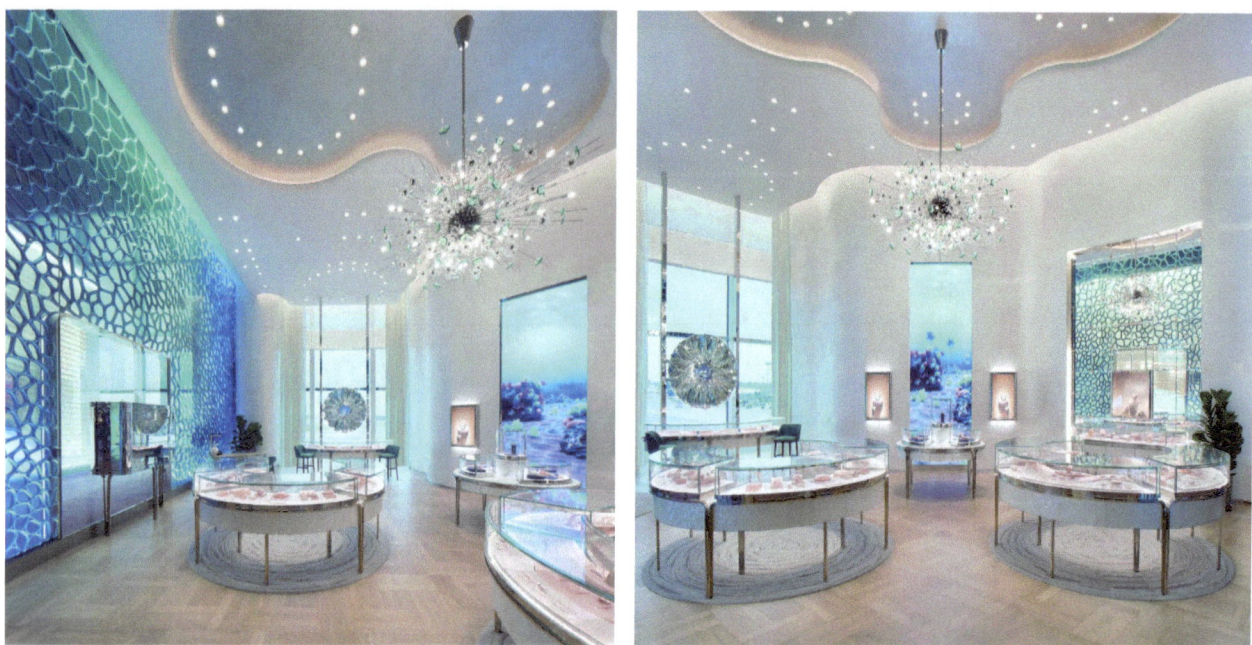

图 1-51　统一与变化在室内软装饰设计中的应用（2）

图 1-52　节奏与韵律在室内软装饰设计中的应用（1）

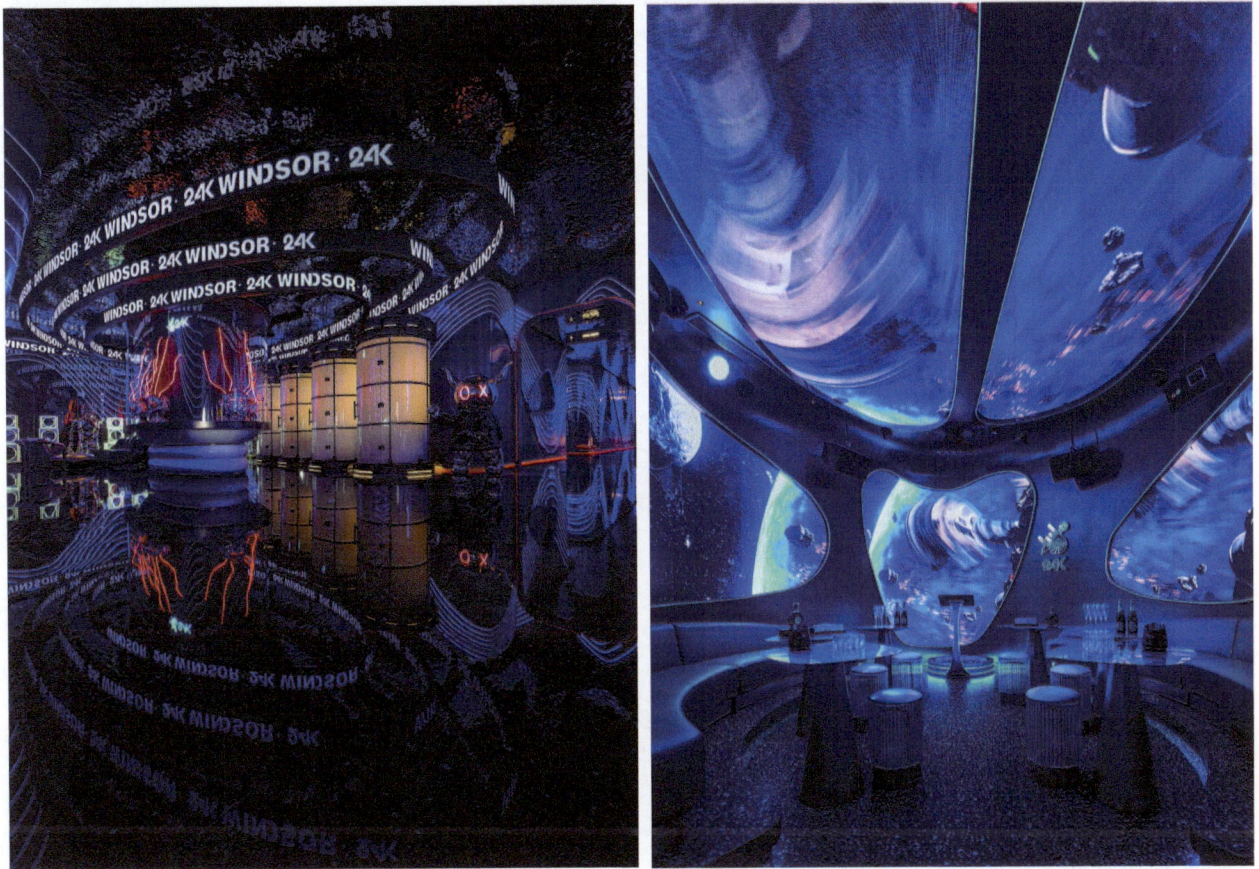

图 1-53　节奏与韵律在室内软装饰设计中的应用（2）

思考题

1. 什么是室内软装饰设计的搭配原则？其主要内容有哪些？

2. 室内软装饰设计的形式美法则有哪些？

室内家具的设计

【学习目标】

1.掌握室内家具的基本概念、分类和主要风格样式；

2.掌握室内家具的创意设计。

【教学方法】

1.讲授结合案例分析，通过大量室内家具图片的展示与分析，让学生直观地感受室内家具的设计技巧，提升学生的室内家具设计能力；

2.遵循教师为主导、学生为主体的原则，采用案例分析法、课堂练习法、头脑风暴法等教学方式，调动学生积极参与练习，提高学生的家具设计表现能力。

【学习要点】

1.了解不同风格的室内家具的造型和美学特征；

2.能熟练创作和表现家具。

任务一　掌握室内家具设计的设计方法

【学习目标】

1.了解室内家具的基本概念和分类；

2.掌握室内家具的主要风格样式。

图片欣赏

【教学方法】

1.讲授结合案例分析，通过大量室内家具图片的展示与分析，提升学生的室内家具设计能力和审美能力；

2.遵循教师为主导、学生为主体的原则，采用案例分析与课堂互动相结合的教学方式，调动学生积极参与思考，提高学生的家具设计能力。

【学习要点】

1.了解不同风格的室内家具的造型技巧；

2.掌握家具的美学特征。

一、室内家具设计的基本概念

家具是指在生活、工作和社会活动中供人们坐、卧、支撑和存储物品用的设备和器具。家具起源于人的生活需求，是人类几千年文化的结晶。人类经过漫长的实践，家具不断更新、演变，在材料、工艺、结构、造型、色彩和风格上家具都在不断完善。形形色色、变化万千的家具为室内软装饰设计师提供了更多的设计灵感和素材。家具设计是指用图形（或模型）和文字说明等方法，表达家具的造型、功能、尺度、色彩、材料和结构的设计学科。室内家具设计是室内软装饰设计的重要组成部分，家具的选择与布置是否合适对室内环境的装饰效果起着重大的作用。

二、室内家具的分类

1.按使用功能分类

支承类家具：指各种坐具、卧具，如凳、椅、床等。

凭倚类家具：指各种带有操作台面的家具，如桌、台、几等。

贮藏类家具：指各种有储存或展示功能的家具，如箱柜、橱架等。

装饰类家具：指陈设装饰品的开敞式柜类或架类的家具，如博古架、隔断等。

示例如图 2-1 ～图 2-4 所示。

图 2-1　支承类家具

图 2-2　凭倚类家具

图 2-3 贮藏类家具

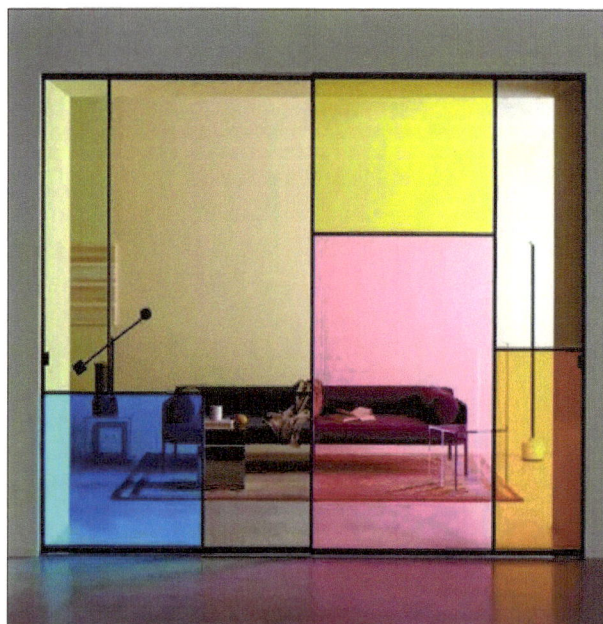

图 2-4 装饰类家具

2. 按结构特征分类

框式家具：以榫接合为主要特点，木方通过榫接合构成承重框架，围合的板件附设于框架之上。一般一次性装配而成，不便拆装。

板式家具：以人造板构成板式部件，用连接件将板式部件装配在一起的家具。板式家具有可拆和不可拆之分。

拆装式家具：用各种连接件或插接结构组装而成的可以反复拆装的家具。

折叠家具：能够折动使用并能叠放的家具，便于携带、存放和运输。

曲木家具：以实木弯曲或多层单板胶合弯曲而制成的家具，具有造型别致、轻巧、美观的优点。

壳体家具：指整体或零件利用塑料或玻璃一次模压、浇注成型的家具，具有结构轻巧、形体新奇和新颖时尚的特点。

悬浮家具：以高强度的塑料薄膜制成内囊，在囊内充入水或空气而形成的家具。悬浮家具新颖，有弹性，有趣味，但一经破裂则无法再使用。

树根家具：以自然形态的树根、树枝、藤条等天然材料为原料，略加雕琢后经胶合、钉接、修整而成的家具。

示例如图 2-5 ～图 2-7 所示。

图 2-5　板式家具

图 2-6　曲木家具

图 2-7　壳体家具

3. 按制作家具的材料分类

木质家具：主要由实木与各种木质复合材料（如胶合板、纤维板、刨花板和细木工板等）所构成。
塑料家具：整体或主要部件用塑料包括发泡塑料加工而成的家具。
竹藤家具：由竹条或藤条编制成的部件构成的家具。
金属家具：以金属管材、线材或板材为基材生产的家具。
玻璃家具：以玻璃为主要构件的家具。
皮家具：以各种皮革为主要面料的家具。
示例如图 2-8 ～图 2-10 所示。

图 2-8 木质家具

图 2-9　竹藤家具

图 2-10　皮家具

三、家具的风格

1. 欧式家具

欧式家具可以细分为欧式古典家具、现代欧式家具和欧式田园家具。欧式古典家具具有华丽、庄重和典雅的特点，其造型繁复，线条纯美，图案多为动物、植物和涡卷饰纹，尺度适宜，家具表面多采用浅浮雕；为显其高贵表面常涂饰金粉和油漆。现代欧式家具较之欧式古典家具，在造型上更加简洁，减少了烦琐的装饰，更讲究材质和面料。欧式田园家具则结合了仿生学的设计原理，将自然界中的动植物图案运用到家具设计中，表现出清新、雅致的特点。

欧式家具如图 2-11 和图 2-12 所示。

2. 中式家具

中式家具可以细分为中式古典家具和现代中式家具。中式古典家具以明清时期的家具为代表。明式家具造型简练朴素、比例匀称、线条刚劲、功能合理、用材科学、结构精到、高雅脱俗，艺术成就达到了极致。

明式家具功能十分合理，关键部位的尺寸完全符合人体工程学。用材讲究，充分发挥了木材的性能。在结构上沿用了中国古建筑的梁柱结构，多用圆腿支撑，并作适当的收分，四腿略向外侧，符合力学原理。部件之间采用榫卯咬合和嵌板接合，有利于木材的胀缩变形。

明式家具造型高雅脱俗，以线条为主，民族特色浓厚。装饰手法丰富多样，既有局部精微的雕镂，又有大面积的木材素面效果。家具雕刻以线雕和浮雕为主，构图对称均衡，图案多以吉祥图案为主，如灵草、牡丹、荷花、梅、松、菊、仙桃、凤纹、云水等。明式家具还采用了金属饰件，以铜居多。例如：拉手、画页、吊牌等多为白铜所制，并且很好地起到了保护家具的作用。明式家具内容丰富多样，主要有椅凳类、几案类、橱柜类、床榻类、台架类和屏座类等。

图 2-11　欧式古典家具（1）

图 2-12　欧式古典家具（2）

　　清式家具的巅峰期在乾隆时期。为了显示统治者的"文治武功"，高档家具层出不穷，形成了极端的豪华富贵之风。清式家具化简朴为华贵，造型趋向复杂烦琐，形体厚重，富丽气派。清式家具重视装饰，运用雕刻、镶嵌、描绘和堆漆等工艺手法，使家具表面效果更加丰富多彩。装饰题材繁多，以吉祥图案为主。家具用材讲究，常用紫檀、黄花梨、柚木等高档木材。

　　清式家具以苏式、京式和广式为代表。苏式家具以江浙为制造中心，风格秀丽精巧；京式家具因王公贵族的特殊要求，造型庄严宽大，威严华丽；广式家具以广东沿海为制造中心，并广泛地吸收了海外制造工艺，表现手法多样，家具风格厚重烦琐，富丽凝重，形成了鲜明的近代特色和地域特征。

　　现代中式家具对中式古典家具进行了简化，提炼出了中式古典家具中的经典装饰元素，并结合现代设计手法将之符号化、抽象化，显现出既古典、雅致，又现代、时尚的特征。

　　中式家具如图 2-13 ～图 2-15 所示。

3. 现代家具

　　现代家具以实用、经济和美观为特点。采用工业化生产，材料多样，零部件标准且可以通用。现代家具重视使用功能，造型简洁，结构合理，较少装饰。

　　欧洲的工业革命为家具设计与制作带来了革命性的变化，制作水平日趋先进，生产规模不断扩大，"以人为本"的设计思想深入人心，这些因素都使得家具设计与制作更加人性化、大众化。随着木业技术的发展，胶合板问世，蒸木和弯木技术相继出现，高性能黏合剂研制成功并得以应用，为各类现代家具的发展铺平了道路。1830 年德国人托耐特用蒸汽技术把山毛榉制成了曲木家具，体现了生产技术的提高对现代家

圈椅是明代家具中最为经典的制作。圈椅造型古朴典雅，线条简洁流畅，制作技艺达到了炉火纯青的境地。"天圆地方"是中国文化中典型的宇宙观，不但影响了建筑，也融入到家具的设计之中。圈椅是方与圆相结合的手法在家具设计中的典型代表，上圆下方，以圆为主旋律，圆代表和谐，象征幸福；方代表稳健，宁静致远，圈椅完美地体现了这一理念。圈椅造型圆婉优美，体态丰满劲健，是中华民族家具中独具特色的椅子样式

图 2-13　中式家具（1）

交椅因其椅脚呈交叉状而得名，交椅起源于古代的马扎，也可以说是带靠背的马扎。交椅以造型优美流畅而著称，它的椅圈曲线弧度柔和自如，俗称"月牙扶手"，制作工艺考究，通常由三至五节榫接而成，其扶手两端饰以外撇云纹如意头，端庄凝重。后背椅板上方施以浮雕开光，透射出清灵之气，两侧"鹅头枨"亭亭玉立，典雅而大气。座面多以麻索或皮革制成，前足底部安置脚踏板，装饰实用两相宜。在扶手、靠背、腿足间，一般都配制雕刻牙子，另在交接之处也多用铜装饰件包裹镶嵌，不仅起到坚固作用，更具有点缀美化功能

图 2-14　中式家具（2）

四出头官帽椅是因其造型像古代官员的帽子而得名。所谓"四出头"，是指椅子的"搭脑"两端出头，左、右扶手前端出头。其标准的式样是后背为一块靠背板，两侧扶手各安一根"连帮棍"。四出头官帽椅是我国明式家具中椅子造型的一种典型款式，其整体造型曲线优美，靠背板呈"S"形，适合人体靠背曲线，符合人体功能学原理。靠背左右两侧的圆形立柱与后腿一木连做，两扶手正中下接连帮棍，以下粗上细直立，鹅脖部分向前倾斜，人坐在椅子上非常舒适。古人讲究坐相，通过椅子靠背板与扶手曲线的造型语言来传达坐者的威仪与端庄

图 2-15 中式家具（3）

具产生的推动作用。19 世纪末，以"现代设计之父"威廉·莫里斯为首的设计师在英国发起了一场设计运动，工业设计史上称为"工艺美术运动"。工艺美术运动强调功能应与美学法则相结合，认为功能只有通过艺术家的手工制作才能表现出来，反对机械化大生产，重视手工；强调简洁、质朴和自然的装饰风格，反对多余装饰，注重材料的选择与搭配。1900 年左右，欧洲大陆兴起了设计运动的新高潮，以法国为中心的"新艺术运动"主张艺术与技术相结合，主张艺术家应从自然界中汲取设计素材，崇尚曲线，反对直线，

反对模仿传统。随后产生了荷兰风格派，主张家具设计应采用绘画中的立体主义形式，采用立方体、几何体、垂直线和水平面进行造型设计；反对曲线，色彩只用三原色及黑、白、灰等无彩色系列；用螺丝装配，便于机械加工。现代家具真正形成于1910年德国包豪斯学院，其设计教育被称为"现代主义设计教育的摇篮"，其核心思想是功能主义和理性主义；肯定机器生产的成果，重视艺术与艺术相结合，设计的目的是人而不是产品，要遵循科学、自然和客观法则，产品要满足人们功能的需要。包豪斯学院产生了一大批艺术设计大师：1925年马歇尔·布劳耶发明了钢管椅，成为金属家具的创始人，并且他还是家具标准化的创始人；另一大师密斯·凡·德罗设计的巴塞罗椅，把有机材料的皮革和无机材料的钢板进行完美的结合，造型优美成为现代家具的杰作。1933年包豪斯学院被纳粹德国关闭，一批现代设计先驱进入美国，美国的设计水平迅速提高。20世纪60年代以后，青年人追求新鲜多变的心理，家具设计风格开始追求异化、娱乐化和古怪化的形式，这便是宇宙时代风格。这种设计风格强调空气动力学，强调速度感，色彩多用银灰色，家具造型多为不规则的立体，模仿宇宙飞行器的奇特形状。随着新材料、新工艺的不断涌现，设计师用空气代替海绵、麻布和弹簧等弹性材料，出现了吹气的塑料家具，为人们的生活带来了全新的感受。

现代家具如图2-16和图2-17所示。

图2-16　现代家具（1）

图 2-17　现代家具（2）

图片欣赏

思考题

1. 家具按使用功能分为哪些类？
2. 欧式家具的特点有哪些？
3. 中式家具的特点有哪些？

任务二　掌握室内家具的创意设计

【学习目标】

1. 掌握室内软装饰设计的创意设计；
2. 能运用手绘表现技法绘制室内软装饰品。

【教学方法】

1. 讲授结合课堂练习，通过对手绘表现技法理论的讲解和现场示范，让学生直观地感受室内软装饰的创意设计，训练学生的实际动手能力；

2. 遵循教师为主导、学生为主体的原则，采用案例分析法、课堂练习法、分组竞赛法等教学方式，调动学生积极参与练习，提高学生的手绘表现能力。

【学习要点】

1. 掌握室内软装饰设计的手绘表现要点，并能熟练地绘制室内软装饰品；
2. 能熟练地运用钢笔绘制室内软装饰品的造型，用彩色铅笔和马克笔上色。

室内家具的创意设计主要有以下几种方法。

1. 模拟和仿生

模拟和仿生是指通过对某一形象的联想和模仿而进行的设计手段。模拟的对象主要是抽象型和具象型及无机型等；而仿生则是模仿自然界中的生物外形，或根据其生物合理存在的原理来改造家具的结构性能。模拟和仿生是家具造型创新设计的主要手段之一，其关键是联想，包括接近联想、相似联想、对比联想和因果联想。模拟和仿生可以根据以下步骤来进行。

（1）确定模拟对象。任何自然形象或具象的事物都可以是灵感的来源和模拟的对象，如各种动物、鸟类、植物、花卉等。

（2）发挥联想能力，创造出崭新的家具形象。联想可以帮助设计者把眼前看到的事物与具体的家具造型结合起来，并通过整理和加工，归纳出典型特征，最终转化为新的形象。丹麦著名家具设计师雅各布森擅长用模拟和仿生的手法，创造出一系列具有抽象几何造型的家具新形态，他设计了一款"蚂蚁椅"，由于款式新颖，富有特色，被广泛运用于餐椅、接待椅、洽谈椅等。日本著名家具设计师梅田正德善于将花卉的形象融入家具设计中，创造出新颖的家具样式。

模拟和仿生家具如图 2-18 ～图 2-22 所示。

梅田正德是日本当代著名家具设计师，他尝试用西方的先进工艺表达日本文化中崇尚自然的精神。代表作是一系列以"花"为创作原型的家具。其中，最为被人称道的是其月光花园扶手椅和玫瑰椅。月光花园扶手椅设计于 1990 年，其主体为六片花瓣。其中向上的三片，一片为靠背，另外两片为扶手；向前的一片，充当坐垫；向下的两片，与"花柄"一起形成三角支撑。该椅子是高新科技与专业手工技术的结合。以不锈钢为构架，外部包裹天鹅绒面料，内部用聚亚安酯和厚毛料填充，将美观与舒适融为一体

图 2-18　模拟和仿生家具设计（1）

艾罗·沙里宁是20世纪中叶美国最有创造力的建筑师和家具设计师。他的代表作是郁金香椅，设计于1957年，形如一朵郁金香，也像一只优雅酒杯。其采用塑料直接压膜成型，造型流畅自然，底座创造性地设计成圆形的样式，这样不会压坏地面。这些形式是仔细考虑了生产技术和人体姿势才获得的，并不是故作离奇，其自由的形式是功能的产物，并与新材料、新技术紧密联系在一起

图 2-19　模拟和仿生家具设计（2）

雅各布森是20世纪丹麦著名家具设计大师。他在实践中以材料性能和工业生产过程为设计主导，摒弃不必要的烦琐装饰，将冰冷刻板的功能主义变成了精练而雅致的形式，是"新现代主义"的代表人物之一。他的家具设计具有强烈的雕塑形态和有机造型语言，将现代设计观念与丹麦传统风格相结合，注重材料的应用和完整的结构；巧妙的功能设计与大批量生产相结合，使他的家具作品具有非凡的、永恒的魅力。他的作品十分强调细节的推敲，以达到整体的完美。大多数设计都是为特定的建筑而作的，因而与室内环境浑然一体。他在20世纪50年代设计了三种经典的椅子：蚂蚁椅、天鹅椅和蛋椅。这三种椅子均是热压胶合板整体成型的，具有强烈的雕塑般的美感

图 2-20　模拟和仿生家具设计（3）

尼尔森是美国最具影响力的建筑师、家具设计师和产品设计师，曾经担任 Herman Miller 家具公司的艺术总监长达 20 年，可以说和 Eames 夫妇一起塑造了美国现代家具的样貌。他最知名的 Marshmallow 沙发像糖果一样色彩斑斓，是早期波普风格家具的代表作品。尼尔森家具设计中最有创新的是他对模数制储藏家具系列及模数制办公家具的研究，这两种系统都在世界范围内产生了影响。他设计的椅子和沙发非常有创意，如"椰子椅"，其设计构思源自椰子壳的一部分；另一件著名的家具设计是"向日葵沙发"，该沙发主体被分解成一个个小圆的效果，其色彩的大胆使用和明确的集合形式都预示着波普艺术（POP）的到来

图 2-21　模拟和仿生家具设计（4）

图 2-22　模拟和仿生家具设计（5）

2. 提炼和结合

提炼和结合是指将历史上出现过的、经过历史验证的经典家具的元素进行提炼，融入现代家具的设计中，创造出崭新的现代家具形象的设计手法。经典家具往往具有深厚的人文底蕴，经过历史的不断演变，其功能与美学达到巅峰。提炼经典家具在材料、工艺、造型、色彩等方面的设计元素，并将这些设计元素结合到现代家具设计中，有利于传承和发展传统文化，使现代家具焕发出古典的韵味。丹麦著名家具设计师汉斯·瓦格纳从中国经典的明清家具中汲取营养，结合北欧特有的软木材料，创造出崭新的木制家具形象。中国当代著名家具设计师朱小杰力求传承中国传统家具的经典造型样式，在材料的应用上独辟蹊径、自成一派，设计出许多经典的现代木质家具。

提炼和结合家具如图 2-23 ～图 2-24 所示。

图 2-23　提炼与结合家具设计（1）　朱小杰　作

汉斯·瓦格纳生于丹麦。他的家具设计的主要设计手法是从古代传统设计中吸取灵感，并净化其已有形式，进而发展自己的构思。他对设计精益求精，在任何时候都亲自研究每一个细节，尤其强调一件家具的全方位设计，认为"一件家具永远都不会有背部"。他是全球公认最具创造力且多产的家具设计师。他的椅子设计，结构科学，充分阐发材料个性，造型完美，细节完善，亲切舒适，安静简朴，一改国际主义的机械冷漠，被人们称为椅子大师。他的设计不跟随潮流，尊重传统，承袭文化，欣赏自然。他的设计是一种富于"人情味"的现代美学，代表作有"中国椅""孔雀椅""单身汉椅"等

图 2-24　提炼与结合家具设计（2）

3. 材料与肌理

家具设计领域新材料层出不穷，新材料的发现与运用为家具设计提供了物质基础，使家具样式的多样性成为可能。对新材料的研究开发，历来是家具设计的源泉，每一种新材料的出现都能产生新的家具品种及不同的外观效果，设计师要善于利用新材料的研究成果，设计出与新材料相适应的新造型。

设计师不但要了解材料的外在特性和内在特性，也要善于利用材料的肌理效果展现家具的艺术美感，为家具设计带来新的创意。例如：木材纹理美观、自然淳朴；石材光泽美观、厚重、典雅；金属坚硬冰冷、挺拔刚劲；塑料细腻光滑、优雅轻柔；有机玻璃明洁透亮、富丽亲切；等等。历史上许多著名的家具设计师都善于运用材料与技术的更新创造出新的家具形式。例如：美国著名家具设计师伊姆斯利用木材的弯曲工艺和塑料浇筑成型的工艺创造出许多经典的弯曲木质家具和塑料壳体家具。示例如图2-25～图2-28所示。

伊姆斯是美国最杰出的家具设计大师，其设计具有合乎科学与工业设计原则的结构、功能与外形，采用多层夹板热压成型工艺设计的大众化廉价椅子使家具走向轻便化、大众化。伊姆斯对胶合板、玻璃、纤维材料，以及钢条、塑料等新材料很感兴趣，设计了多种形式的胶合板热压成型的家具，它们简单、朴素、方便适用。1949年，伊姆斯设计了"壳体椅"系列，在这种更完善意义上的三维造型构件中，他引入当时刚发明出来不久的玻璃纤维塑料作为主体材料。这种椅子形式模制的单件座具与腿足的简单结合，对家具设计的影响非常巨大。新材料中色彩的加入又给这个椅系列增添了无穷活力。1956年，伊姆斯设计了"铝系列椅"：底座是压铸铝制的肋状支架，上部的座位和靠背连成一体，细部结构都隐藏在坐垫内，坐垫面层是有机织物，内充乙烯基塑料泡沫，两种截然不同的材料就这样融成自然的一体，这是伊姆斯的设计中始终如一且十分注重的方面。伊姆斯躺椅及脚凳的构思也表现出了现代技术与传统休闲方式的结合，它完全是为舒适而设计的，而模制的胶合板底板加上部皮革垫的组合方式也非常有创意。这种椅子至今还用在众多的商业和居住环境中，可见其设计的持久生命力

图 2-25　材料与肌理家具设计（1）

阿尔瓦·阿尔托是芬兰现代建筑师，人情化建筑理论的倡导者，同时也是一位家具设计大师。他开辟了家具设计的新道路，在20世纪30年代创立了"可弯曲木材"技术，将桦树巧妙地模压成流畅的曲线。同时，他尝试将多层单板胶合起来，然后模压成胶合板，这些实验创造了当时最具创新的椅子。他设计的家具和产品形象简洁、清新，给人以开朗、明快、乐观的启示

图 2-26　材料与肌理家具设计（2）

艾洛·阿尼奥是芬兰著名的家具设计大师。他所设计的家具不仅仅表现在功能方面的实用，同时也反映了家具本身的"愿望"。他认为材料和技术的革新都会开创新的设计道路。他在 1963 年设计了著名的 Ball Chair，这是以玻璃纤维制成的球形椅子，这张椅子很快地被大量制造生产，而玻璃纤维也成为他设计时最喜欢使用的素材。他设计的家具代表作品还包括糖果椅、番茄椅和极富未来感的泡泡椅。他是波普风格爱好者非常喜欢的家具设计大师之一

图 2-27　材料与肌理家具设计（3）

图 2-28 材料与肌理家具设计（4）

4. 功能与创新

实用与美观是家具的两大特征，家具是结合使用功能和艺术美学为一体的工业产品，实用性是家具设计的前提和基础，艺术性是家具设计的重要手段。家具设计要注重功能的实用性和设计的人性化，要将人体工程学的测绘数据和研究成果应用于家具设计中，创造出符合人体功能尺寸的、舒适、耐用的家具。同时，要运用艺术美学的造型法则，如统一与对比、均衡与协调、节奏与韵律等，不断创新家具的样式，提升家具的形式美感。示例如图 2-29～图 2-34 所示。

哈里·伯托埃是意大利艺术家与家具设计师，在20世纪的现代家具设计领域，他以一个雕塑家的角度进行其独特探索并取得成功。他的设计不仅完善地满足了功能上的要求，而且同他的纯雕塑作品一样，是对形式和空间的一种探索。他的代表作 Bird 椅子是一把高背椅，看起来像一只展翅飞翔的鸟儿，其有机样式和亲近人性的形式，为现代主义家具设计注入了一股新的风貌。他所有的作品，皆有高度精巧工艺的特征，并将形式与空间的关系成功地加以连接

图 2-29　功能与创新家具设计（1）

密斯·凡德罗是德国现代主义建筑大师和家具设计大师。密斯坚持"少就是多"的设计哲学，"少"不是空白而是精简，"多"不是拥挤而是完美。他设计的家具受到包豪斯风格的影响，注重造型的简练和结构的整体，喜欢用不锈钢做家具的框架，座位处则用柔软和有弹性的皮革或藤条。他设计的家具都具有天然的流线型美感和古典式的均衡视觉效果。其代表作是巴塞罗那椅

图 2-30　功能与创新家具设计（2）

约里奥·库卡波罗是北欧学派著名的家具设计大师，是家具人体工程学领域的领军人物和人性化办公家具设计的先驱。他的设计风格被誉为简洁、现代、时尚、前卫，这种风格正是当代简约时尚主义设计的精髓所在。他认为如果一件家具产品的功能达到了百分之百的满足，那么它同时也就具备了美学价值。他的家具设计作品以简洁明快的线条、纯粹个性的色调搭配、简洁而不失内涵的品质在家具设计领域独树一帜

图 2-31　功能与创新家具设计（3）

维纳尔·潘顿是丹麦家具设计大师。他的家具设计打破了北欧传统工艺的束缚，运用鲜艳的色彩和崭新的素材，开发出充满想象力的家具和灯饰。从 20 世纪 50 年代末起，他就开始了对玻璃纤维增强塑料和化纤等新材料的试验研究。20 世纪 60 年代，他与美国米勒公司合作进行整体成型玻璃纤维增强塑料椅的研制工作，于 1968 年定型。其代表作"Panton 椅"采用强化聚酯的塑料一次模压成型，整体造型呈现出婀娜的 S 形，具有强烈的雕塑感，色彩也十分艳丽，几十年来一直是时尚、前卫设计的象征，至今仍享有盛誉，被称为"美人椅"

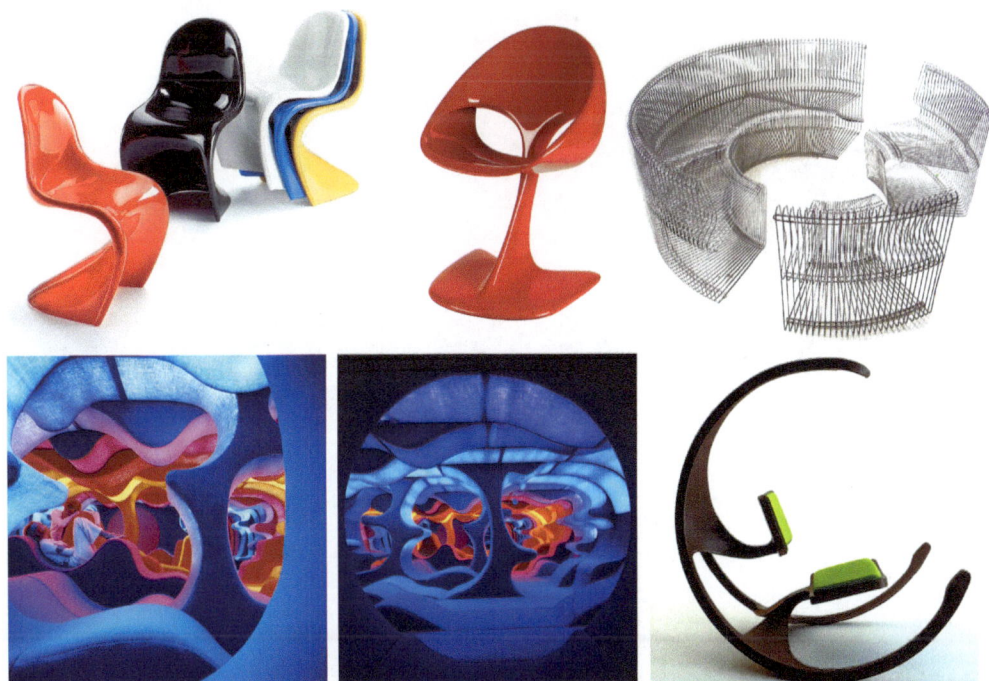

图 2-32　功能与创新家具设计（4）

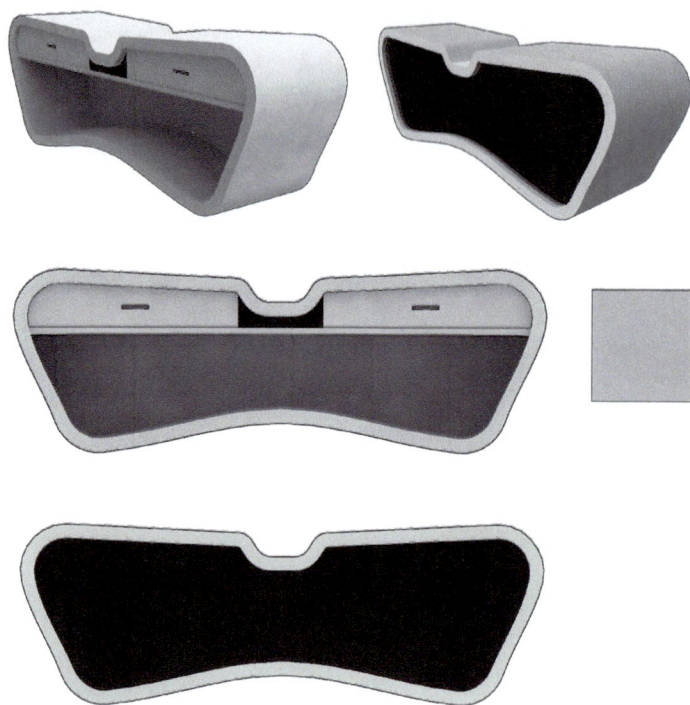

专利情况说明：

城建铂域设计研发中心与建筑工程

学院专业教师校企合作共同研发的

外观专利："眼镜"形前台

专利发明人：文健、胡明

专利权单位：广州城建职业学院

　　　　　　广州市铂域建筑设计有限公司

图 2-33　讲究功能与美学的现代家具设计（1）　文健、胡明　作

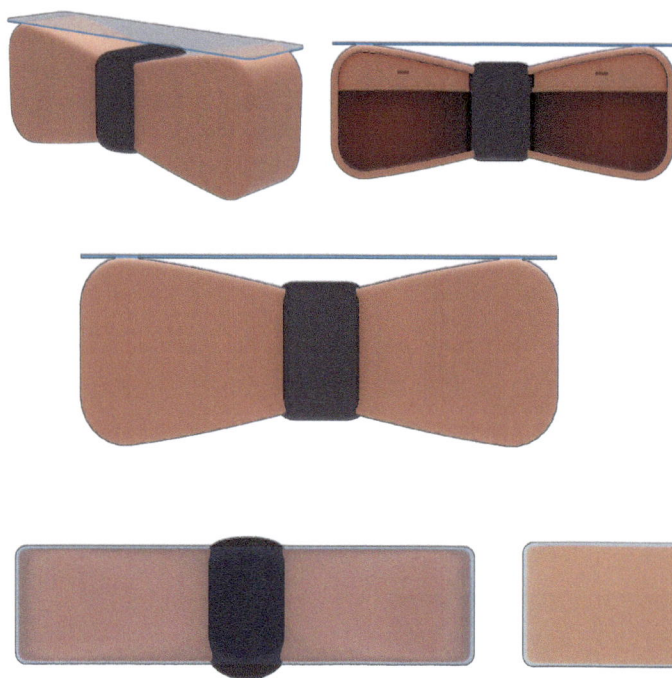

专利情况说明：

城建铂域设计研发中心与建筑工程

学院专业教师校企合作共同研发的

外观专利："领结"形前台

专利发明人：文健、胡明

专利权单位：广州城建职业学院

　　　　　　广州市铂域建筑设计有限公司

图 2-34　讲究功能与美学的现代家具设计（2）　文健、胡明　作

思 考 题

1. 运用模拟和仿生手法设计 10 个家具。

2. 绘制 20 幅家具手绘表现作品。

室内灯饰的设计与搭配技巧

【学习目标】

1.掌握室内灯饰的基本概念、分类和主要风格样式；

2.掌握室内灯饰的搭配技巧。

【教学方法】

1.讲授结合案例分析，通过大量室内灯饰图片的展示与分析，让学生直观地感受室内灯饰的设计与搭配技巧，提升学生的室内灯饰设计能力；

2.遵循教师为主导、学生为主体的原则，采用案例分析法、课堂练习法、头脑风暴法等教学方式，调动学生积极参与练习，提高学生的室内灯饰搭配能力。

【学习要点】

1.了解不同风格的室内灯饰的造型和美学特征；

2.能根据室内空间的使用要求合理的搭配灯饰。

任务一　了解室内灯饰设计的基本概念

【学习目标】

1.了解室内灯饰的基本概念和分类；

2.了解室内灯饰的主要风格样式。

图片欣赏

【教学方法】

1.讲授结合图片分析，通过大量室内灯饰图片的展示与分析，让学生直观地感受室内灯饰的造型设计技巧，提升学生的室内灯饰设计能力；

2.遵循教师为主导、学生为主体的原则，采用理论与实践相结合的教学方式，调动学生积极参与设计实践，培养学生的动手能力。

【学习要点】

1.了解不同风格的室内灯饰的造型和美学特征；

2.能设计不同造型的灯饰。

一、室内灯饰设计的基本概念

灯饰是指用于照明和室内装饰的灯具。从定义上可以看出室内灯饰的两大功能，即照明和室内装饰。室内灯饰设计是指针对室内灯具进行的样式设计和搭配。室内灯饰的特点如下。

1.风格和造型多样

灯饰的风格和造型样式多样，主要有欧式、中式、现代和自然风格，其样式也随着不同的风格呈现出不同的特点。例如：欧式风格的灯饰造型复杂，做工精致，常用水晶、铜、镀金等材料，显得雍容、华贵；现代风格的灯饰讲究流线型设计，形式多变，造型简洁，色彩明快，显得时尚、大方。

2. 讲究美观、实用，追求个性化

随着人们物质生活水平和文化、审美能力的提高，强调自我、追求个性逐渐成为人们生活的理想目标，室内灯饰的设计与制作也开始讲究美观、实用，追求个性化。室内灯饰产品的种类日益丰富，用途更加广泛，不仅是传统意义上的照明和装饰的功能要求，而且还是营造室内气氛的重要手段。

3. 讲究文化内涵，以人为本，节能环保

人们文化素养的提高，带动了室内装饰文化内涵的提升。室内灯饰作为室内软装饰的重要组成部分，对营造室内文化氛围起着重要的作用。例如：中式风格的灯饰可以通过自身独特的造型样式，强化中式风格的设计概念，还可以通过朦胧的照明方式，营造出室内温馨、儒雅、宁静的氛围。

室内灯饰设计讲究以人为本的设计理念，灯饰的大小、比例、造型、色彩、材质和照明方式都对室内空间环境，特别是室内光环境产生重要影响，合理地安排和选用灯饰已经成为室内装饰的重要内容。

随着人们环保意识的增强，环保设计和以环保材料制作的灯饰越来越普遍。在今后的室内装饰中，具有环保功能的灯饰会得到更加广泛的运用；同时，智能化也是室内灯饰未来重点发展的方向。

4. 追求多光源照明效果

室内灯饰的设计与搭配已经由过去的单光源照明逐渐过渡到多光源照明。这种变化表明，设计师已经意识到良好而健康的灯光设计对人们生活的影响。在单光源时代，室内往往由几盏灯统领全局，而多光源设计已经照顾到每一个使用者和每一种生活环境对灯光的需求。首先，直射的主光源提供了环境照明所需的均匀的照度；其次，间接照明的辅助光源提供了室内柔和的局部照明和漫反射照明，对室内氛围的营造起到重要作用；最后，重点照明的点缀光源，强化了室内的局部景观，丰富了空间照明的层次。

室内灯饰设计如图 3-1～图 3-4 所示。

二、室内灯饰设计的分类

室内灯饰按灯饰种类可以分为吊灯（全吊和半吊）、落地灯、台灯、壁灯、嵌顶灯（筒灯）、轨道射灯、吸顶灯等；按照灯饰的风格可以简单分为欧式、中式、自然式和现代四种不同风格的灯饰；按使用场所和区域可以分为室内灯饰和室外灯饰，室内灯饰包括吊灯、台灯、筒灯等，室外灯饰包括路灯、景观灯等；按材质可以分为水晶灯、云石灯、玻璃灯、铜制灯、不锈钢灯等。

1. 吊灯

吊灯是一种悬吊在天花板上的灯具，常用在大堂、客厅等公共活动场所，是最常采用的直接照明灯具，也是体现室内雍容、华贵氛围的重要陈设品。吊灯样式丰富，在选择时应与室内的整体风格相协调。例如：欧式风格的室内空间应选用造型复杂、做工精致的水晶吊灯来显示室内的奢华品质；自然风格的室内空间则应选用木材、藤条等自然材料制成的灯具来体现休闲的氛围。吊灯设计如图 3-5 和图 3-6 所示。

2. 落地灯

落地灯是一种放置于地面上的灯具，其作用是近距离照明和营造室内气氛，适合休闲阅读和会客之用。落地灯设计如图 3-7 和图 3-8 所示。

3. 吸顶灯

吸顶灯是一种安装在天花板面上，光线向上射，通过天花板的反射对室内进行间接照明的灯具。吸顶灯主要有白炽灯吸顶和荧光灯吸顶灯两种，特点是可使顶棚较亮，构成全房间的明亮感，在视觉上增加层高，还可以防止直接照明产生的眩光。吸顶灯的选择要根据照明使用要求、天棚构造和审美要求来综合考虑，其造型、布局、组合方式、色彩和材料等较丰富，选择范围较广。

图 3-1　室内灯饰设计（1）

图 3-2 室内灯饰设计（2）

图 3-3　室内多光源效果灯饰设计

图 3-4　室内自然型灯饰设计

图 3-5　吊灯设计（1）

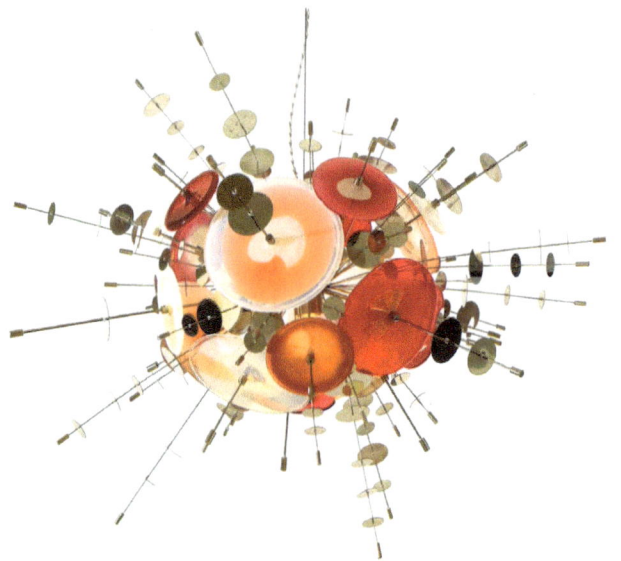

图3-6　吊灯设计（2）

图 3-7　落地灯设计（1）

图 3-8　落地灯设计（2）

4. 台灯

　　台灯是一种放置在书台或茶几上，用于辅助照明的灯具。它的主要功能是作为供阅读之用的照明灯光，同时还可以营造空间气氛。台灯的设计如图 3-9 所示。

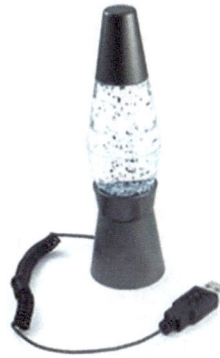

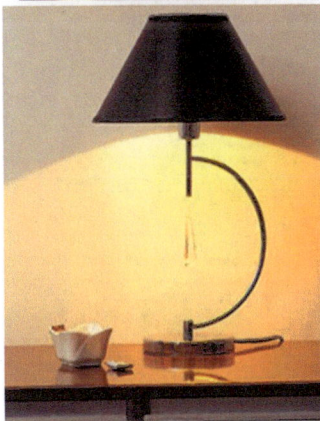

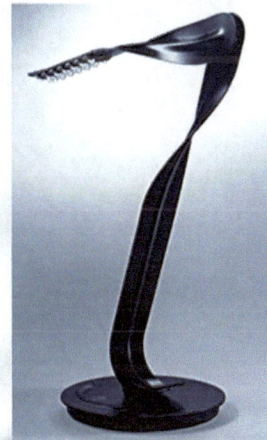

图 3-9　台灯设计

5. 壁灯

壁灯是一种安装在墙壁上，用于辅助照明的灯具。它是一种补充型照明的灯具，由于距地面不高，一般都用低瓦数灯泡。壁灯本身的高度，大型的为 450 ～ 800 毫米，小型的为 275 ～ 450 毫米。壁灯主要有悬臂式和固定式两种样式，悬臂式是指壁灯与墙壁之间的连接件可以自由伸展、调节的壁灯样式；固定式是指将壁灯固定于墙上，不能自由调节高度和活动的壁灯样式。壁灯设计如图 3-10 所示。

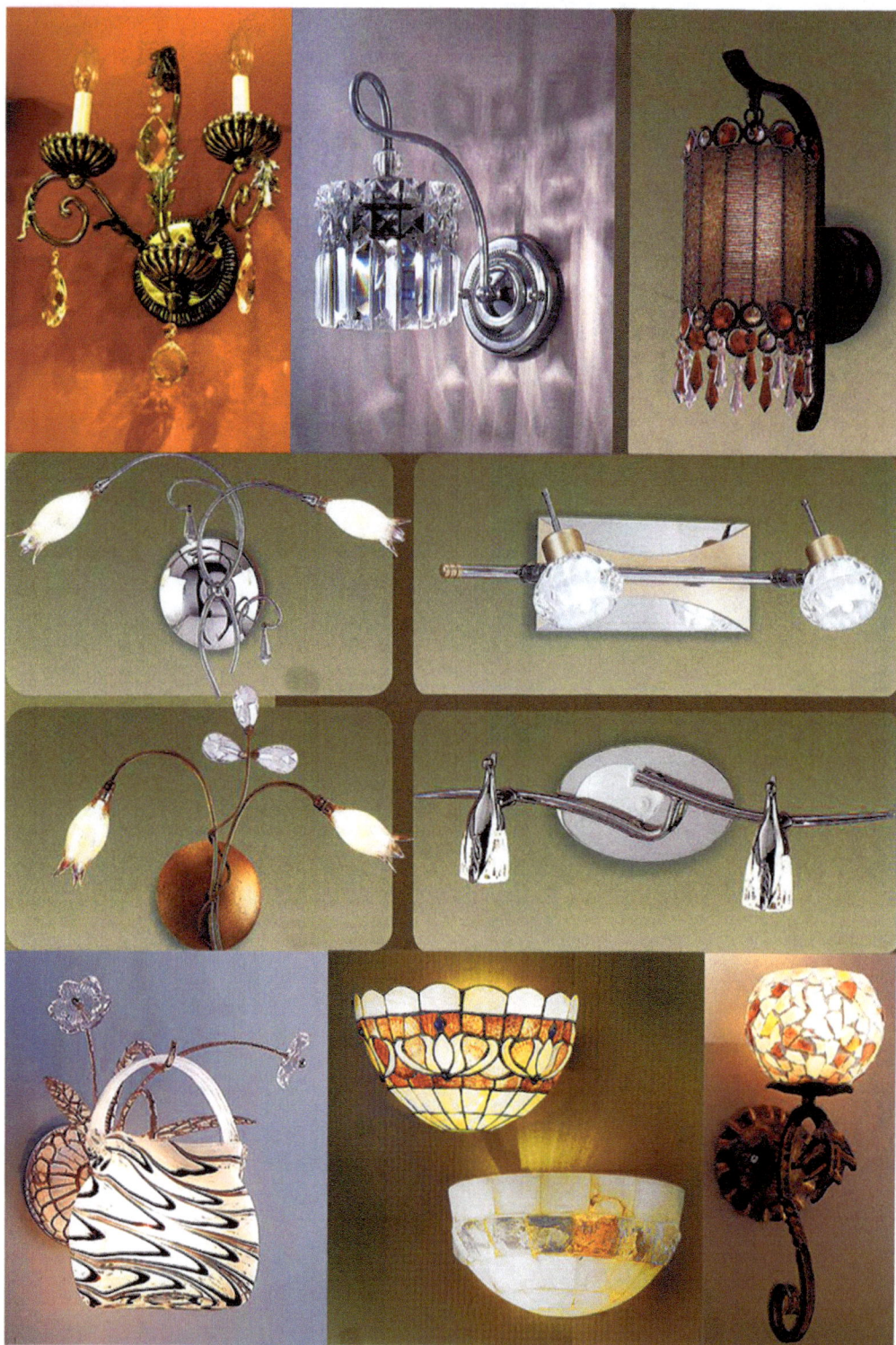

图 3-10　壁灯设计

6. 嵌顶灯

嵌顶灯也称筒灯，泛指嵌装在天花板内部的隐藏式灯具。嵌顶灯的灯口一般与天花板衔接，向下直射灯光。由于嵌顶灯的照射范围有限，容易使室内空间产生阴暗感，因此常和其他灯具配合使用。

7. 轨道射灯

轨道射灯是一种将灯具安装在固定的轨道上，用于局部重点照明的灯具。它能根据室内照明的要求，灵活调整照射的角度和强度，突出室内的局部特征（如墙壁上的挂饰或装饰画等）。

8. 特色效果灯

特色效果灯是一种在光源与照射物之间安装由特殊的镜片来制造多种变化的图案或色彩，以表达特殊的灯光效果的灯具。这种灯具一般用于营造特殊的空间气氛，形成独特、光怪陆离的灯光效果，广泛使用于在舞厅和酒吧等娱乐空间。

思考题

1. 室内灯饰有哪些特点？
2. 总结室内灯饰的种类。

任务二　掌握室内灯饰设计的搭配技巧

【学习目标】

1. 了解室内灯饰的主要风格样式；
2. 掌握室内灯饰的搭配技巧。

图片欣赏

【教学方法】

1. 讲授结合案例分析，通过对室内灯饰的主要风格样式的介绍，提升学生的艺术审美能力，同时结合室内灯饰搭配案例的分析与讲解，让学生领会室内灯饰搭配时的方式方法，提高学生的室内灯饰配搭能力；

2. 遵循教师为主导、学生为主体的原则，采用案例分析法、头脑风暴法、小组讨论法等教学方式，调动学生积极参与课堂互动，提高学生的室内灯饰艺术审美能力和配搭能力。

【学习要点】

1. 了解室内灯饰的主要风格样式，并熟悉其典型特征；
2. 能根据不同室内空间的设计要求熟练地配搭室内灯饰。

一、室内灯饰风格

室内灯饰风格是指室内灯饰在造型、材质和色彩上呈现出来的独特的艺术特征和品格。室内灯饰风格可以简单分为现代风格、欧式风格、田园风格和中式风格四种。

1. 现代风格

现代风格的室内灯饰造型简约、时尚，追求形式的简洁和线条的简约，讲究线条的流畅性和动感，将抽象的构成美学运用到设计中，体现出个性化的特征。材质一般采用具有金属质感的铝材、不锈钢或玻璃，色彩朴素、协调，适合与现代简约型的室内装饰风格相搭配。现代风格灯饰如图3-11和图3-12所示。

图 3-11 现代风格灯饰（1）

图 3-12　现代风格灯饰（2）

2. 欧式风格

欧式风格的室内灯饰强调以华丽的装饰、浓烈的色彩和精美的造型达到雍容华贵的装饰效果。其造型上讲究对称与重复的秩序感，细节装饰考究，常使用镀金、铜和铸铁等材料，显现出金碧辉煌的效果和奢华、大气、高贵、典雅的气度。欧式风格灯饰如图 3-13 和图 3-14 所示。

图 3-13　欧式风格灯饰（1）

图 3-14　欧式风格灯饰（2）

3. 田园风格

田园风格的室内灯饰倡导"回归自然"的理念，美学上推崇"自然美"，力求表现出悠闲、舒畅、自然的田园生活情趣。在田园风格里，粗糙和破损是允许的，因为只有这样才更接近自然。田园风格的用料常采用陶、木、石、藤、竹等天然材料，这些材料粗犷的质感正好与田园风格不饰雕琢的追求相契合，显现出自然、简朴、雅致的效果。田园风格灯饰如图 3-15 和图 3-16 所示。

图 3-15　田园风格灯饰（1）

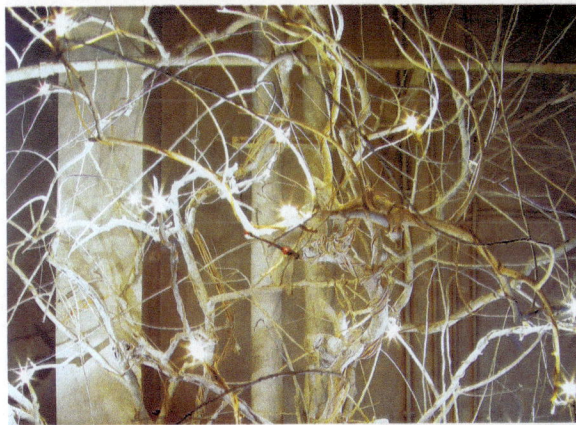

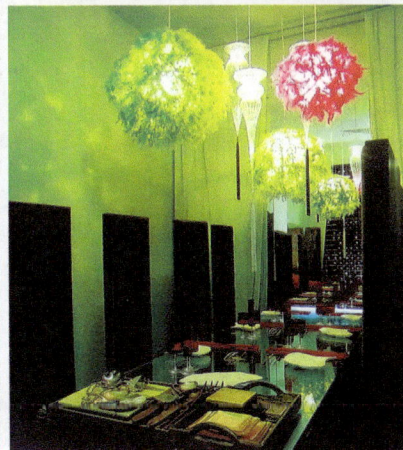

图 3-16 田园风格灯饰（2）

4. 中式风格

中式风格的室内灯饰造型工整、严谨，外形端庄、典雅，色彩稳重、含蓄，灯座常以木雕刻、石雕刻、青花或粉彩瓷器为主，灯身则用羊皮、布艺包裹居多。中式灯饰配合中式传统的装饰格调，能营造出室内温馨、柔和、庄重和典雅的氛围，并展现出深厚的文化底蕴和人文气质。中式风格灯饰如图3-17和图3-18所示。

图 3-17　中式风格灯饰（1）

图 3-18　中式风格灯饰（2）

二、室内灯饰的搭配技巧

室内灯饰在搭配时应该注意以下几点。

1. 注重风格的整体协调性，同时可以利用特色灯饰形成对比效果

室内灯饰搭配时应注意灯饰的格调尽量要与室内的整体装饰风格相协调。例如：中式风格室内要配置中式风格的灯饰，欧式风格的室内要配置欧式风格的灯饰。在整体协调的基础上，可以利用造型独特、色彩突出的灯饰形成一定对比效果，达到画龙点睛的作用。如果需要进行混搭风格的配搭设计，将风格迥异的灯饰融入不同室内空间中，则必须找出灯饰与整体室内环境中的相近元素，如色彩、造型、装饰符号、材质等，形成灯饰与整体环境的局部呼应关系，这样才能使灯饰融入整体之中，不至于太突兀。

2. 讲究主次有序，注重灯饰自身的装饰作用

室内灯饰搭配时应注意主次关系的表达。因为室内灯饰是依托室内整体空间和室内家具而存在的，室内空间中各界面的处理效果，室内家具的大小、样式和色彩，都对室内灯饰的搭配产生影响。为体现室内灯饰的照射和反射效果，在室内界面和家具材料的选择上应尽量选用一些具有抛光效果的精装修材料，如抛光砖、大理石、玻璃和不锈钢等，这样可以有效地突出灯饰的照明和灯光的反射效果，营造出明快的室内光环境。

室内灯饰搭配时还应充分考虑灯饰的大小、比例、造型样式、色彩和材质对室内空间效果造成的影响。例如：在方正的室内空间中可以选择圆形或曲线形的灯饰，使空间更具动感和活力；在较大的宴会空间，可以利用连排的、成组的吊灯，形成强烈的视觉冲击，增强空间的节奏感和韵律感；在独立的空间，可以利用体积较大的灯饰聚合空间，强化空间的整体感；在界面相对单调、色彩较为统一的空间，可以利用灯饰的独特造型或色彩形成视觉的焦点，弥补空间的单调与呆板。

3. 利用灯饰体现文化品位和内涵，营造优雅的人文环境

室内灯饰搭配时还应注意体现文化特色，与室内其他陈设品一起组成具有文化韵味的组合陈设，展现一定的文化风貌。例如：中式风格的灯饰常用中国传统的灯笼、灯罩与中式风格的家具、绘画、瓷器等，组合成一组极具中式传统韵味的组合陈设，以此来营造整体空间氛围；一些泰式风格的度假酒店，也选用东南亚特制的竹编和藤编灯饰来装饰室内，给人以自然、休闲的感觉。

室内灯饰搭配如图 3-19 ～图 3-26 所示。

大小变化、错落有致的吊灯使空间更具活力

彩色的吊灯使空间更加活跃

重复排列的灯饰使空间更具秩序感，营造出典雅、庄重的氛围

图 3-19　室内灯饰搭配（1）

曲线形的墙纸使墙面更具动感。这种动态的视觉效果与前景静态的台灯、相框和工艺品的组合相映成趣，使此处陈设显现出动静相宜、曲直相间、层次分明的视觉美感

深色的柜子与白色的陈设品、台灯，形成深浅的层次变化，增强了视觉的立体感和进深感

深色的墙纸使前景浅色的柜子和陈设品更加突出，增强了空间的层次感，曲线形的线条装饰使立面更具动感

透明玻璃材质的通透感和反射效果使灯座的装饰效果更加独特，更具趣味性

黑色的相框使整体的色彩更加稳重，相框表面重复的方块形装饰使相框的形式美感更加强烈。此外，中等大小的相框与体积较小的方形闹钟及体积相对较大的台灯，形成高低的错落层次。这一搭配方式也是床头柜陈设的常用搭配样式

黑色的绒布灯罩与浅色的床头背景，以及透明的灯座和相框，形成了深与浅、实体与虚体的层次和质感变化

透明相框的质感玲珑剔透，与周围坚硬、厚重、密实的质感形成对比，丰富了视觉观感

造型简洁、质感透明的灯座极具现代主义设计简约、时尚的设计美感

表面凹凸变化的相框丰富了空间的质感，也体现出一定的层次变化

图 3-20　室内灯饰搭配（2）

圆形的灯饰与圆形的水缸形成上下的呼应关系，同时，灯饰自身独特的造型也聚合了空间，形成了视觉的焦点和中心

对称布置的灯饰为空间带来了均衡感，也使空间看上去更加稳定、庄重、典雅

星星点点的灯饰打破了空间的单调与统一，使空间更具活力和动感

图 3-21　室内灯饰搭配（3）

高低错落的吊灯使空间充满动感

室内的枯树造型为空间带来几分田园野趣

高低错落的吊灯为空间带来了节奏感和韵律感

镂空的铁艺隔断使空间更加流畅、连贯，同时也扩大了空间的视野

花形的吊灯成为空间的视觉焦点，为空间增添了活力和趣味

图 3-22　室内灯饰搭配（4）

蜡烛在特定的空间也可以作为灯饰使用，其传递出的独特视觉效果对意境的营造和氛围的烘托有着特殊的作用

雨伞形的灯饰造型别致，为空间带来独特的艺术魅力；同时，大红色的色彩也增强了空间的瞩目性

体积庞大、照明效果突出的灯饰使就餐空间更加明亮；同时，也强化了以餐桌为中心的就餐区域

图 3-23 室内灯饰搭配（5）

图 3-24 室内灯饰搭配（6）

图 3-25　室内灯饰搭配（7）

图 3-26　室内灯饰搭配（8）

思考题

1. 现代风格的室内灯饰有哪些特点？
2. 室内灯饰在搭配时应该注意哪些问题？

室内布艺的设计与搭配技巧

【学习目标】

1. 了解室内布艺的基本概念和分类；

2. 了解室内布艺的主要风格样式；

3. 掌握室内布艺的搭配技巧。

【教学方法】

1. 讲授结合案例分析，通过大量室内布艺图片的展示与分析，让学生直观地感受室内布艺的设计与搭配技巧，提升学生的室内布艺设计能力；

2. 遵循教师为主导、学生为主体的原则，采用案例分析法、课堂练习法、头脑风暴法等教学方式，调动学生积极参与练习，提高学生的室内布艺搭配能力。

【学习要点】

1. 了解不同风格的室内布艺的美学特征；

2. 能根据室内空间的使用要求合理地搭配室内布艺。

任务一　了解室内布艺的基本概念

【学习目标】

1. 了解室内布艺的基本概念和特点；

2. 了解室内布艺的分类。

图片欣赏

【教学方法】

1. 讲授结合图片分析，通过大量室内布艺图片的展示与分析，让学生直观地感受室内布艺的设计技巧，提升学生的室内布艺设计能力；

2. 遵循教师为主导、学生为主体的原则，采用理论与实践相结合的教学方式，调动学生积极参与设计实践，培养学生的动手能力。

【学习要点】

1. 了解不同风格、不同类别的室内布艺的美学特征；

2. 能设计不同图案和样式的室内布艺。

一、室内布艺设计的基本概念

室内布艺是指以布为主要材料，经过艺术加工，达到一定的艺术效果与使用条件，满足人们生活需求的纺织类产品。室内布艺包括窗帘、地毯、枕套、床罩、椅垫、靠垫、沙发套、台布、壁布等。其主要作用是既可以防尘、吸声和隔声，又可以柔化室内空间，营造出室内温馨、浪漫的情调。室内布艺设计是指针对室内布艺进行的样式设计和搭配。室内布艺设计的特点有以下几点。

1. 风格多样，样式丰富

室内布艺的风格和样式多样，主要有欧式、中式、现代和田园几种代表风格，其样式也随着不同的风格呈现出不同的特点。例如：欧式风格的布艺手工精美，图案繁复，常用棉、丝等材料，金、银、金黄等色彩，显得奢华、华丽，显示出高贵的品质和典雅的气度；田园风格的布艺讲究自然主义的设计理念，将大自然中的植物和动物形象应用到图案设计中，体现出清新、甜美的视觉效果。

2. 美观、实用，便于清洗和更换

室内布艺产品不仅美观、实用，而且便于清洗和更换。例如：室内窗帘不仅具有装饰作用，而且还可以弱化噪声，柔化光线；室内地毯既可以吸收噪声，又可以软化地面质感。此外，室内布艺还具有较好的防尘作用，可以随时清洗和更换。

3. 装饰效果突出，色彩丰富

室内布艺可以根据室内空间的审美需要随时更换和变换，其色彩和样式具有多种组合，也赋予了室内空间更多的变化。例如：在一些酒吧和咖啡厅的设计中，利用布艺做成天幕，可以软化室内天花，柔化室内灯光，营造温馨、浪漫的情调；在一些楼盘售楼部的设计中，利用金色的布艺包裹室内外景观植物的根部，可以营造出富丽堂皇的视觉效果。

室内布艺设计如图 4-1 和图 4-2 所示。

图 4-1　室内布艺设计（1）

二、室内布艺的分类

室内布艺从使用角度上，可分为功能性布艺（如窗帘、地毯、靠枕和床上用品等）和装饰性布艺（如挂毯、布艺装饰品等）。

1. 窗帘

窗帘具有遮蔽阳光、隔声和调节温度的作用。窗帘应根据不同空间的特点及光线照射情况来选择。采光不好的空间可用轻质、透明的纱帘，以增加室内光感；光线照射强烈的空间可用厚实、不透明的绒布窗帘，以减弱室内光照。隔声的窗帘多用厚重的织物来制作，折皱要多，这样隔声效果更好。窗帘的材料主要有纱、棉布、丝绸、呢绒等。窗帘的款式包括拉褶帘、罗马帘、水波帘、拉杆式帘、卷帘、垂直帘和百叶帘等。

图 4-2　室内布艺设计（2）

（1）拉褶帘：俗称"四叉褶帘"，即用一个四叉的铁钩吊着缝在窗帘的封边条上，造成 2～4 褶的形式的窗帘。可用单幅或双幅，是家庭中常用的样式。

（2）罗马帘：一种层层叠起的窗帘，因出自古罗马，故而得名罗马帘。其特点是具有独特的美感和装饰效果，层次感强，有极好的隐蔽性。

（3）水波帘：一种卷起时呈现水波状的窗帘，具有古典、浪漫的情调，在西式咖啡厅被广泛采用。

（4）拉杆式帘：一种帘头圈在帘杆上拉动的窗帘。其帘身与拉褶帘相似，但帘杆、帘头和帘杆圈的装饰效果更佳。

（5）卷帘：一种帘身平直，由可转动的帘杆将帘身收放的窗帘。其以竹编和藤编为主，具有浓郁的乡土风情和人文气息。

（6）垂直帘：一种安装在过道，用于局部间隔的窗帘。其主要材料有水晶、玻璃、棉线和铁艺等，具有较强的装饰效果，在一些特色餐厅被广泛使用。

（7）百叶帘：一种通透、灵活的窗帘，可用拉绳调整角度及上落，广泛应用于办公空间。

窗帘样式如图 4-3 和图 4-4 所示。

2. 地毯

地毯是室内铺设类布艺制品，广泛用于室内装饰。地毯不仅视觉效果好，艺术美感强，还可以吸收噪声，创造安宁的室内气氛。此外，地毯还可使空间产生集合感，使室内空间更加整体、紧凑。地毯分为纯毛地毯、混纺地毯、合成纤维地毯和塑料地毯。

图 4-3　窗帘样式（1）

图 4-4　窗帘样式（2）

（1）纯毛地毯：一种采用动物的毛发制成的地毯，如纯羊毛地毯。多用于高级住宅、酒店和会所的装饰，价格较贵，可使室内空间呈现出华贵、典雅的气氛。纯毛地毯抗静电性很好，隔热性强，不易老化、磨损、褪色，是高档的地面装饰材料。其不足之处是抗潮湿性较差，而且容易发霉。所以，使用纯毛地毯的空间要保持通风和干燥，而且要经常进行清洁。

（2）混纺地毯：一种在纯毛地毯纤维中加入一定比例的化学纤维制成的地毯。这种地毯在图案、色泽和质地等方面与纯毛地毯差别不大，装饰效果好，且克服了纯毛地毯不耐虫蛀的缺点，同时提高了地毯的耐磨性，有吸声、保温、弹性好、脚感好等特点。

（3）合成纤维地毯：一种以丙纶和腈纶纤维为原料，经机织制成面层，再与麻布底层溶合在一起制成的地毯。纤维地毯经济实用，具有防燃、防虫蛀、防污的特点，易于清洗和维护，而且材质轻，铺设简便。与纯毛地毯相比缺少弹性和抗静电性能，且易吸灰尘，质感、保温性能较差。

（4）塑料地毯：一种质地较轻、手感硬、易老化的地毯。其色泽鲜艳，耐湿、耐腐蚀性、易清洗，阻燃性好，价格低。

地毯样式如图 4-5 和图 4-6 所示。

图 4-5 地毯样式（1）

图 4-6　地毯样式（2）

三、靠枕

靠枕是沙发和床的附件，可调节人的座、卧、靠姿势。靠枕的形状以方形和圆形为主，多用棉、麻、丝和化纤等材料，采用提花、印花和编织等制作手法，图案自由活泼，装饰性强。靠枕的布置应根据沙发的样式来进行选择，一般素色的沙发用艳色的靠枕，而艳色的沙发则用素色的靠枕。靠枕主要有以下几类。

（1）方形靠枕：一种体形为正方体或矩形的靠枕，是最常用的靠枕，一般放置在沙发和床头。其样式、图案、材质和色彩非常丰富，可以根据不同的室内风格需求来配置。常用的尺寸有正方形 40 cm×40 cm、50 cm×50 cm，长方形 50 cm×40 cm。

（2）圆形碎花靠枕：一种体形为圆形的靠枕，经常摆放在阳台或庭院中的座椅上，这样搭配会让人立刻有了家的温馨感觉。圆形碎花靠枕制作简便，用碎花布包裹住圆形的枕芯后，调整好褶皱的分布即可。其尺寸一般为直径 40 cm 左右。

（3）糖果形靠枕：一种体形为奶糖形状的圆柱形靠枕，其简洁的造型和良好的寓意能体现出甜蜜的味道，让生活更加浪漫。糖果形靠枕的制作方法相当简单，只要将包裹好枕芯的布料两端做好捆绑即可。其尺寸一般为长 40 cm，圆柱直径为 20 ～ 25 cm。

（4）莲藕形靠枕：一种体形为莲藕形状的圆柱形靠枕，古人有"采莲南塘秋，莲花过人头。低头弄莲子，莲子清如水"的诗句，莲花给人清新、高洁的感觉，清新的田园风格中搭配莲藕形的靠枕同样也能让人感受到清爽宜人的效果。其尺寸与糖果形靠枕相仿。

（5）特殊造型靠枕：包括幸运星形、花瓣形和心形等，其色彩艳丽，形体充满趣味性，让室内空间呈现出天真、梦幻的感觉。在儿童房空间应用较广。

靠枕样式如图 4-7 和图 4-8 所示。

图 4-7　靠枕样式（1）

图 4-8　靠枕样式（2）

四、壁挂织物

壁挂织物是室内纯装饰性质的布艺制品，包括墙布、桌布、挂毯、布玩具、织物屏风和编结挂件等，它可以有效地调节室内气氛，增添室内情趣，提高整个室内空间环境的品位和格调。

壁挂织物样式如图4-9和图4-10所示。

图 4-9　壁挂织物样式（1）

图 4-10　壁挂织物样式（2）

1. 什么是室内布艺设计？
2. 室内布艺设计有哪些特点？
3. 室内布艺从使用功能上分为哪些类型？

任务二　掌握室内布艺的搭配技巧

【学习目标】

1. 了解室内布艺的主要设计风格；
2. 掌握室内布艺的搭配技巧。

图片欣赏

【教学方法】

1. 讲授结合图片分析，通过大量不同风格室内布艺设计与搭配图片的展示与分析，让学生直观地感受室内布艺的设计与搭配技巧，提升学生的室内布艺搭配能力；

2. 遵循教师为主导、学生为主体的原则，采用理论与实践相结合的教学方式，调动学生积极参与设计实践，培养学生的动手能力。

【学习要点】

1. 了解不同风格的室内布艺的主要特征；
2. 能根据室内空间设计的要求搭配室内布艺。

一、室内布艺设计风格

室内布艺设计风格是指在布艺的设计与搭配上呈现出的具有代表性的独特风貌和艺术品格。室内布艺设计风格主要分为中式庄重优雅风格、欧式豪华富丽风格、自然式朴素雅致风格和现代式简洁明快风格。

1. 中式庄重优雅风格

中国传统的室内设计融合了庄重与优雅双重气质，中式庄重优雅风格的室内布艺色彩浓重、花纹繁复，装饰性强，常使用带有中国传统寓意的图案（如牡丹、荷花、梅花等）和绘画（如中国工笔国画、山水画等）。中式庄重优雅风格室内布艺设计如图4-11和图4-12所示。

2. 欧式豪华富丽风格

欧式豪华富丽风格的室内布艺做工精细，选材高贵，用料讲究，强调手工的精湛编织技巧和图案的烦琐、精细。其色彩华丽、贵气，充满强烈的动感效果，给人以奢华、富贵的感觉。欧式豪华富丽风格室内布艺设计如图4-13所示。

3. 自然式朴素雅致风格

自然式朴素雅致风格的室内布艺追求与自然相结合的设计理念，常采用自然植物图案（如树叶、树枝、花瓣等）作为布艺的印花，色彩以清新、雅致的黄绿色、木材色或浅蓝色为主，展现出朴素、淡雅的品质和内涵。自然式朴素雅致风格布艺设计如图4-14所示。

4. 现代式简洁明快风格

现代式简洁明快风格的室内布艺强调简洁、朴素、单纯的特点，尽量减少烦琐的装饰，广泛运用点、线、面等抽象设计元素，色彩以黑、白、灰为主调，体现出简约、时尚、轻松、随意的感觉。现代式简洁明快风格布艺设计如图4-15所示。

图 4-11　中式庄重优雅风格室内布艺设计（1）

图 4-12　中式庄重优雅风格室内布艺设计（2）

图 4-13　欧式豪华富丽风格室内布艺设计

图 4-14　自然式朴素雅致风格室内布艺设计

图 4-15　现代式简洁明快风格室内布艺设计

二、室内布艺的搭配技巧

室内布艺在搭配时应该注意以下几点。

（1）强调与室内整体设计风格的协调性，同时可以通过布艺的色彩、面料和图案形成一定的对比效果，以达到突出视觉中心、丰富视觉效果的作用。

室内布艺搭配时应注意布艺的格调要与室内的整体环境相协调。例如：中式风格室内要配搭中式风格的布艺，欧式风格室内要配搭欧式风格的布艺。在整体格调和样式基本一致的前提下，应尽量发掘出对比的元素，如色彩的对比、面料质感的对比、花纹图案的对比等，通过小范围的对比活跃空间，增添空间的情趣和艺术魅力。

（2）充分展现出布艺制品的柔软质感，软化室内空间，提高舒适性。

室内布艺搭配时要充分利用布艺制品柔软的质感对室内的硬质装饰材料进行软化，提高使用时的舒适性。如在一些餐饮空间的设计中，由于天花的层高过高，容易造成空间的稀松感，这时可以利用悬挂布艺天幕的方式柔化硬质天花，加强空间的紧凑感。同时，在选择室内布艺的款式、花色和材质时要参考室内整体空间及家具的色彩和样式。如果室内整体空间和家具的色彩较朴素，样式较简单，则室内布艺的款式、花色可以丰富一些，这样可以防止室内的单调感。

室内布艺还可以调节空间的视觉效果，如果使用花色较大、较多及颜色较深的布艺，可以使室内空间更加紧凑，起到收紧空间的作用；反之，如果使用花色较小、较少及颜色较浅的布艺，则可以使室内空间更加舒展、开阔，起到扩展空间的作用。此外，室内布艺的图案对调节室内空间的高度也有作用。例如：竖向条纹的布艺制品可以使室内空间看上去更高一些；横向条纹的布艺制品则可以使室内空间看上去更宽一些。

室内布艺搭配时应充分考虑布艺制品的样式、色彩和材质对室内装饰效果造成的影响。例如：利用布艺制品调节室内温度，在夏季炎热的季节选用蓝色、绿色等凉爽的冷色，达到使室内空间的温度降低的感觉；而在寒冷的冬季选用黄色、红色或橙色等温暖的暖色，达到使室内空间的温度提高的感觉；在 KTV、舞厅等娱乐空间设计中，可以利用色彩艳丽的布艺软包制品，达到炫目的视觉效果，还可以有效地调节音质。

室内布艺搭配时还要注意呼应关系，即室内的布艺在天、地、墙三个面的色彩、图案、肌理等应该具有一定的联系和呼应，这样可以形成"你中有我、我中有你"的协调关系，使室内布艺看上去更加整体。

（3）运用室内布艺体现文化内涵，展现室内空间的精神品质。

室内布艺搭配时还应注意体现文化底蕴。例如：许多中式风格的室内空间常用中国民间的大红花布或蓝印花布来装饰室内空间，使室内空间展现出浓郁的地方特色。室内布艺搭配如图 4-16～图 4-21 所示。

绿色纱布包裹的天花造型新颖、独特，极具异国风味

仿蕉叶形的窗帘盒设计极具自然气息

凹凸重叠的木条使墙面更具形式美感

动物皮革地毯极具自然原生态情趣

鲜花盛开的柜面装饰图案极具艺术美感。在素雅的背景衬托下，表现出空间统一而又有变化，整体简洁但细节表现丰富的形式美设计法则

鲜花图案的椅子和台灯呼应了书柜柜面的图案

图 4-16　室内布艺搭配（1）

单色的沙发和花
色丰富的靠垫、
地毯形成强烈的
对比关系，丰富
了空间的层次

鲜艳的提花布艺
靠垫形成强烈的
聚焦效果，成为
空间的画龙点睛
之笔，强化了视
觉中心

多姿多彩的印花
布艺壁挂丰富了
墙面的视觉效果，
使空间更具动感
和活力

简洁、朴素的背
景很好地衬托了
布艺家具艳丽的
色彩，对比效果
强烈，空间层次
感显著增强

色彩上的呼应与
图案上的对比有
机地结合起来，
形成"大协调、
小对比"的视觉
效果

在空间的布艺搭
配中应注意布料
之间的呼应关系，
蓝色碎花的窗帘
与蓝色碎花的靠
垫形成了较好的
花纹呼应，在布
艺色彩的选择上
也要注重色彩的
协调性

素色的背景很好
地衬托出艳丽的
布艺，强化了对
比效果

空间布艺的搭配
要体现一定的对
比效果，花纹的
变化不仅可以丰
富空间的视觉效
果，而且可以使
空间更具自然生
活气息

图 4-17　室内布艺搭配（2）

绿色的墙纸与红色的挂画形成色彩的互补关系，绿色感觉舒适、宁静，红色在绿色的衬托下显得更加鲜明

红色的花瓣形窗帘使狭小的空间焕发生机

花式丰富的抱枕在素色墙纸和床单的补托下显得更加突出，层次更加丰富

红色系列的抱枕和床单表现出活泼、生动、热情的心理感觉，适合儿童房的配色

仿自然花草的墙纸，色彩丰富，极具装饰美感和视觉冲击力

蓝色的灯罩与红色的布艺形成色彩的冷暖对比关系

由丹麦家具设计大师潘东设计的潘东椅色彩纯净，造型新颖，表现出时尚、前卫的装饰美感

紫红色的枕头和床单在深灰色背景衬托下更加鲜明、突出、艳丽

色彩丰富的布艺沙发具有极强的装饰美感，在素色背景的衬托下，表现出强烈的前进感、扩张感和视觉冲击力

大面积的红色使空间更加活泼、生动

色彩斑斓的布艺沙发极具视觉吸引力，装饰美感极强

黑底金纹的背景与室内整体装饰格调相一致，强化了室内的整体感

柜子的装饰图案在装饰手法上与背景墙一致，都采用描金手法，这种呼应关系增强了室内空间的协调感

图 4-18　室内布艺搭配（3）

仿自然植物的
壁纸营造出温
馨、自然的意
境，使空间焕
发出勃勃生机

白色的沙发上放
置几个玫瑰形的
靠垫为空间带来
一丝小资情调，
显得风情万种

精美的布艺地
毯聚合了空间，
使空间更加紧
凑、典雅

深蓝色的印花地
毯使就餐空间紧
密地聚合在一起，
并形成空间的焦
点

仿石头的布艺
靠垫让小朋友
仿佛置身于
大自然的怀抱，
显得舒适、雅
致

五彩斑斓的地毯
使空间不再单调，
也体现出后工业
时代追求个性化
的审美倾向

轻盈的薄纱帘
弹性地分割了
空间，但又使
空间隔而不断，
营造出朦胧、
迷幻的效果

悬挂于天花上的
幕布柔和了灯光，
制造了浪漫场景，
也柔化了空间的
质感，营造出温
馨、惬意的环境

图 4-19　室内布艺搭配（4）

图 4-20　室内布艺搭配（5）

图 4-21　室内布艺搭配（6）

思考题

1. 室内布艺风格有哪几种？
2. 室内布艺在搭配时应该注意哪些问题？

室内陈设品的设计与搭配技巧

【学习目标】

1. 了解室内陈设品的基本概念和分类；

2. 掌握室内陈设品的搭配技巧。

【教学方法】

1. 讲授结合案例分析，通过大量室内陈设品图片的展示与分析，让学生直观地感受室内陈设品的设计与搭配技巧，提升学生的室内陈设品设计能力；

2. 遵循教师为主导、学生为主体的原则，采用案例分析法、课堂练习法、头脑风暴法等教学方式，调动学生积极参与练习，提高学生的室内陈设品搭配能力。

【学习要点】

1. 了解不同类别的室内陈设品的美学特征；

2. 能根据室内空间的使用要求合理地搭配室内陈设品。

任务一　了解室内陈设品的基本概念

图片欣赏

【学习目标】

1. 了解室内陈设品的基本概念；

2. 了解室内陈设品的分类。

【教学方法】

1. 讲授结合图片分析，通过大量室内陈设品图片的展示与分析，让学生直观地感受室内陈设品的设计技巧，提升学生的室内陈设品设计能力；

2. 遵循教师为主导、学生为主体的原则，采用理论与实践相结合的教学方式，调动学生积极参与设计实践，培养学生的动手能力。

【学习要点】

1. 了解不同类别的室内陈设品的美学特征；

2. 能设计功能与实用相结合的室内陈设品。

一、室内陈设品的概念

室内陈设品是指室内的摆设饰品，是用来营造室内气氛和传达精神功能的物品。随着人们生活水平和审美能力的提高，人们越来越注重室内陈设品装饰的重要性，室内设计已经进入"重装饰轻装修"的时代。

二、室内陈设品的分类

室内陈设品从使用角度上可分为功能性陈设品（如餐具、茶具和生活日用品等）和装饰性陈设品（如艺术品、工艺品和挂画等）。

室内陈设品设计如图 5-1 ～图 5-10 所示。

图 5-1　餐具设计（1）

图 5-2　餐具设计（2）

图 5-3 茶具设计

图 5-4 陈设品设计（1）

图 5-5　陈设品设计（2）

图 5-6　陈设品设计（3）

图 5-7　陈设品设计（4）

图 5-8　陈设品设计（5）

图 5-9　陈设品设计（6）

图 5-10 陈设品设计（7）

1. 餐具

餐具是指就餐时所使用的器皿和用具。主要分为中式和西式两大类，中式餐具包括碗、碟、盘、勺、筷、匙、杯等，材料以陶瓷、金属和木制为主；西式餐具包括刀、叉、匙、盘、碟、杯、餐巾、烛台等，材料以不锈钢、金、银、陶瓷为主。西式餐具常将两个餐盘重叠放置，使用完一道菜后可以将上面的盘移开，再上另一道菜，这样可以保持整个桌面的完整与美观。西式餐具的摆放也十分讲究，一般是中间放盘，左边放叉，右边放刀、勺。

餐具是餐厅的重要陈设品，其风格要与餐厅的整体设计风格相协调，更要衬托主人的身份、地位、审美品位和生活习惯。一套形式美观且工艺考究的餐具还可以调节人们进餐时的心情，增加食欲。

2. 茶具

茶具也称茶器或茗器，是指饮茶用的器具，包括茶台、茶壶、茶杯和茶勺等。其主要材料为陶和瓷，代表性的有江苏宜兴的紫砂茶具、江西景德镇的瓷器茶具等。

紫砂茶具由陶器发展而成，是一种新质陶器。江苏宜兴的紫砂茶具是用一种特殊陶土即紫金泥烧制而成的。这种陶土含铁量大，有良好的可塑性，色泽呈现古铜色和淡墨色，符合中国传统的含蓄、内敛的审美要求，从古至今一直受到品茶人的钟爱。其茶具风格多样，造型多变，富含文化品位。同时，这种茶具的质地也非常适合泡茶，具有"泡茶不走味，贮茶不变色，盛暑不易馊"三大特点。

瓷器是中国文明的一面旗帜。中国茶具最早以陶器为主，瓷器发明之后，陶质茶具就逐渐为瓷质茶具所代替。瓷器茶具又可分为白瓷茶具、青瓷茶具和黑瓷茶具等。瓷器之美，让品茶者享受到整个品茶活动的意境美。瓷器本身就是一种艺术，是火与泥相交融的艺术，这种艺术在品茶的意境之中给欣赏者更有效的欣赏空间和欣赏心情。瓷器茶具中的青花瓷茶具，清新典雅，造型精巧，胎质细腻，釉色纯净，体现出了中国传统文化的精髓。

3. 生活日用品

生活日用品是指人们日常生活中使用的产品，如水杯、镜子、牙刷、开瓶器等。其不仅具有实用功能，还可以为日常生活增添几分生机和情趣。

4. 艺术品和工艺品

艺术品和工艺品是室内常用的装饰品。艺术品包括绘画、书法、雕塑和摄影等，有极强的艺术欣赏价值和审美价值。工艺品既有欣赏性，又具有实用性。

艺术品是室内珍贵的陈设品，艺术感染力强。在艺术品的选择上要注意与室内风格相协调，欧式古典风格室内中应布置西方的绘画（油画、水彩画）和雕塑作品；中式古典风格室内中应布置中国传统绘画和书法作品。中国画形式和题材多样，分工笔和写意两种画法，又有花鸟画、人物画和山水画三种表现形式。中国书法博大精深，分楷、草、篆、隶、行等书体。中国的书画必须进行装裱，才能用于室内装饰。

工艺品主要包括陶瓷器、竹编、草编、挂毯、木雕、石雕、盆景等。此外，还有民间工艺品，如泥人、面人、剪纸、刺绣、织锦。陶瓷制品特别受人们喜爱，它集艺术性、观赏性和实用性于一体，在室内放置陶瓷制品，可以体现出优雅脱俗的效果。陶瓷制品种分两类：一类为装饰性陶瓷，主要用于摆设；另一类是集观赏和实用相结合的陶瓷，如陶瓷水壶、陶瓷碗、陶瓷杯等。青花瓷是中国的一种传统名瓷，其沉着质朴的靛蓝色体现出温厚、优雅、和谐的美感。除此之外，玻璃器具和金属器具晶莹透明、绚丽闪烁，光泽性好，可以增加室内华丽的气氛，也是常用的室内陈设工艺品。

1. 紫砂茶具有哪些特点？
2. 室内陈设品主要有哪几类？

任务二　掌握室内陈设品的搭配技巧

图片欣赏

【学习目标】

掌握室内陈设品的搭配技巧。

【教学方法】

1. 讲授结合课堂练习，通过大量室内陈设品图片的展示与分析，让学生直观地感受室内陈设品的搭配技巧，提升学生的室内陈设品搭配能力；

2. 遵循教师为主导、学生为主体的原则，采用理论与实践相结合的教学方式，调动学生积极参与设计实践，培养学生的动手能力。

【学习要点】

1. 了解不同类别的室内陈设品的搭配技巧；
2. 能根据室内空间的需求合理地搭配室内陈设品。

室内陈设品设计与搭配应注意以下几个问题。

（1）注重整体风格的协调性，同时利用陈设品独有的造型、色彩和材质形成小对比效果，丰富空间的视觉层次。

室内陈设品设计与搭配时应注意陈设品的格调要与室内的整体环境相协调。如中式风格室内要配置相应的中式风格的陈设品，欧式风格室内要配置欧式风格的陈设品。在混搭时则要找出陈设品与室内空间其他软装饰陈设品的共同点和相近元素。

（2）利用室内陈设品丰富空间的层次，增添空间的情趣。

室内陈设品设计与搭配时应注意主次关系的表达。因为室内陈设品是依托室内整体空间和室内家具而存在的，室内空间中各界面的处理效果，室内家具的大小、样式和色彩，都对室内陈设品设计与搭配产生影响。室内陈设品设计与搭配时应充分考虑陈设品的大小、比例、造型、色彩和材质与室内整体空间界面、家具的主次关系，在保证整体协调的前提下，使室内陈设品成为室内的"点睛之笔"，增添室内空间的情趣。如室内整体空间界面、家具呈素雅的暖灰色，则室内陈设品可以采用鲜艳的纯色，通过色彩达到突出的视觉效果；又如室内整体空间界面、家具采用光洁的材质，则室内陈设品可以采用粗犷的材质，通过材料的不同质感达到对比效果。

室内陈设品的比例要适度，体积不能过大，否则会造成空间的拥挤感。室内陈设品的组合要做到整洁有序，同时可以适当地体现节奏感和韵律感。陈设品的选择应少而精，数量不宜过多，以免杂乱无章。陈设品搭配时还要注意高低、前后的均衡配置，可以通过陈设品的体积、色彩和质感的有效搭配进行调节。

（3）利用室内陈设品体现文化品位，营造室内人文环境。

室内陈设品设计与搭配时还应注意体现文化品位。国内的许多宾馆常用陶瓷、景泰蓝、唐三彩、中国画和书法等具有中国传统文化特色的装饰来体现中国文化的魅力，使许多外国游客流连忘返。盆景和插花也是室内常用的陈设品，植物花卉的色彩让人犹如置身于大自然，给人以勃勃生机。

室内陈设品设计与搭配如图 5-11 ～图 5-24 所示。

大小错落悬挂的黑框装饰画
体现出强烈的节奏感和韵律
感，使墙面的视觉效果更加
丰富多彩

粗犷的文化石背景与光滑的
装饰画框形成质感的对比，
较好地衬托了墙面的装饰画

大小不同、色彩各异的装
饰画框丰富了墙面的装饰
效果，形成了立面的形式
美感。这种在立面造型设
计中按照一定的规律进行
交错组合而产生的韵律称
为交错韵律

深色的装饰画框使挂画和墙
面形成前后的层次感。大幅
的装饰画在下，小幅的装饰
画在上，也使墙面的整体视
觉效果显得更加稳定、协调

装饰画的悬挂方式以对称
和均衡为主要形式，上下、
左右、斜角和对角形成视
觉的平衡，使墙面的装饰
效果更具秩序感。这种以
中轴的水平线和垂直线为
基线，使整体造型中各个
部分通过相互对应以达到
空间和谐布局的形式表现
方法称为镜面对称

图 5-11　室内陈设品搭配设计（1）

粗犷的石头使空间
的肌理显得质朴、
自然

沙发上的动物皮毛
毯子与整体空间自
然、质朴的风格相
吻合

重复并置的挂画创
造出秩序感，深色
的画框与浅色墙面
的组合增强了空间
的层次感

碎花的红色窗帘为
空间带来了活力和
动感

重复设置的挂画营
造出庄重、典雅的
空间氛围

灰色的青砖配合素
色的家具与挂画，
使空间的整体气氛
显得宁静、淡雅

图 5-12　室内陈设品搭配设计（2）

中国古典的陶俑与欧式
古典的壁炉有机地搭配
在一起，实现了中西艺
术的合璧

节奏感强烈的画框增添了
空间的趣味，空白的内框
给人以遐想

由家具设计大师乔治·尼尔森
设计的椰壳椅

水池里飘洒的花瓣
营造出浪漫、温馨
的情调

粗糙的墙面更具原始、野
性的美感

蜡烛的烛光是营造空间情
调的常用设计元素

图 5-13　室内陈设品搭配设计（3）

造型独特的红酒杯里放置几朵
黄玫瑰，显得极具浪漫情调

餐桌上的插花美化了空间环
境，营造出温馨、浪漫的就
餐氛围

宛如片片树叶的碗碟设计形状
独特、新颖

玻璃内置花球的陈设为餐桌
增添了几分闲情逸趣

白色的瓷碟配合水晶的酒杯
和烛台，显得晶莹剔透、光
彩明亮

不锈钢材质的烛台配合白瓷
餐具，显得明快、硬朗

图 5-14　室内陈设品搭配设计（4）

墙面被墙漆涂成色彩斑斓的装饰立面效果，仿佛一幅抽象油画作品，使空间表现出浓郁的艺术氛围

树枝做成的衣架和穿衣镜极具自然风韵，并展现出雕塑般的姿态

竹编的座椅配合草编的地毯和粗糙的墙面质感，表现出宁静、朴实、自然、休闲的空间氛围

造型独特、肌理质感清晰的原木镜框极具田园野趣，让人仿佛置身大自然的清新环境之中

深色、粗糙的仿古地砖配合天然的木质家具，营造出室内朴素、自然的空间氛围

藤编的小茶几和竹编的座椅表现出自然、朴素的质感和清新、雅致的空间氛围，与手工地毯形成粗糙与细腻、坚硬与柔软、天然与人造的材质对比效果

图 5-15　室内陈设品搭配设计（5）

树枝做成的小鸟屋精巧、别致，极具自然气息

树枝条做成的圆形水果托盘显得自然、纯朴

铜质的花形装饰烛台质朴、典雅，古色古香

透明玻璃做成的鸟巢显得独特而新颖

图 5-16　室内陈设品搭配设计（6）

天花悬挂大小不同的
青花瓷碗，表现出强
烈的节奏感和韵律感

丹麦家具设计大师汉斯·
维格纳设计的仿明式木质
座椅，增强了空间的艺术
品位

大小不同、错落有致
的素色装饰画呼应了
天花造型的节奏感

高低错落、大小配置
的莲花式吊灯节奏感
和韵律感极强

大小不同、横竖交叉的陶
艺鱼形盘使墙面的造型样
式更加丰富

图 5-17　室内陈设品搭配设计（7）

仿珊瑚形状的绿
色玻璃器物陈设
品柔美多姿，晶
莹剔透，极具装
饰美感和视觉吸
引力

木桩形的书夹质
感粗犷大方，与
精致的玻璃品皿
形成质感上的对
比，丰富了视觉
效果

高低配置的透明
玻璃器皿造型圆
润，明亮透彻，
显得细长而又高
挑，与横向造型
为主的圆盘和花
瓶形成体积和尺
寸上的高低、粗
细的变化

本组室内陈设主
要运用了对比设
计手法中的方向
对比，主要表现
为陈设品在水平
与垂直、端正与
倾斜、高与低等
方向上变化

重复旋转的绿色
苹果呼应了绿色
的主题，也使整
体造型更具秩序
感和节奏感

体态多姿的蝴蝶
兰花造型优美，
与坚硬的玻璃和
陶瓷器皿形成刚
与柔的变化

水纹造型的白色
陶瓷茶具动感十
足，强调了此组
陈设品的刚柔变
化的主题

图 5-18　室内陈设品搭配设计（8）

大小错落排列
的墙面圆镜和
蜡烛增强了空
间的节奏感和
韵律感

重复设置的球
形花瓶为空间
带来秩序与均
衡

重复设置的吊灯
呼应了桌面的球
形花瓶，使空间
的秩序感得到强
化。室内陈设品
的呼应可运用相
同或相似的构件
配置于空间各个
不同的局部，使
之重复出现，以
取得呼应的效果

发射形状的壁
挂极具张力和
曲线的柔软
美感

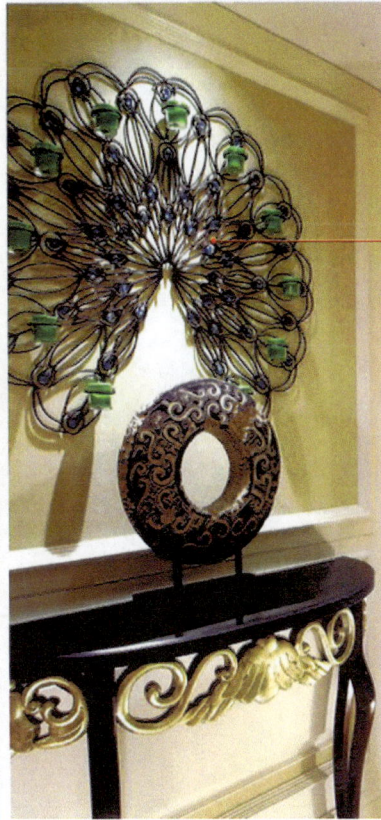

宛如孔雀开屏造
型的壁挂成为空
间瞩目的焦点。
这种根据自然形
态的启示，对形
体进行概括、抽
象，使之表现出
物象美的特征的
设计手法称为比
拟或仿生

图 5-19 室内陈设品搭配设计（9）

仿树枝形的玻璃花瓶造型独特、新颖，焕发出蓬勃生机

仿藤蔓造型的水果篮新颖、别致，表现出强烈的自然趣味

模仿树林形态的墙纸设计增强了空间的立体进深感，营造出空灵、宁静的自然空间形态

仿树权形的展示架在粗犷的背景衬托下栩栩如生，极具自然气息

仿树叶形的沙发与背景的树林浑然一体，显示出浓郁的大自然气息

图 5-20　室内陈设品搭配设计（10）

羽毛形的塑料片大面积悬挂于天花之上，形成强烈的视觉冲击力，并柔化了空间形态，使空间更具亲和力

仿树枝形的装饰立面造型为空间带来几许自然气息

天花的局部镜面处理增添了空间的趣味性

形态各异的吊灯增强了空间的节奏感和韵律感

斜线的透明玻璃配合半透明的磨砂玻璃，形成虚实相间的感觉

采用中国画图案为背景的墙纸为空间带来几分文化底蕴

白色的现代人体雕塑为空间带来几分艺术气息

图 5-21　室内陈设品搭配设计（11）

老式的绿皮车厢为空间增添了几许怀旧气氛

老式的弧形窗配合背景的报纸，传递出浓郁的生活氛围

连续弯曲的灯具为空间带来活力

体积庞大的布艺灯笼成为空间的视觉焦点，也烘托出浪漫的就餐氛围

图 5-22　室内陈设品搭配设计（12）

挂在墙上用作装饰的古船和船桨为空间带来几分田园野趣

将古船倒挂在天花上，为空间增添了几分独特、新颖的魅力

散落的木桩座凳显得清新、自然

倒悬于天花上的国际象棋造型使空间形象显得新奇、独特

秋千状的座椅为空间增添了趣味

轮胎造型的座椅为空间增添了趣味和活力

地面仿造轮胎压过的痕迹使空间显得更加贴近生活

图 5-23　室内陈设品搭配设计（13）

由小树桩组合而成的天花形象显得新颖、独特

空白的画框给人以丰富的想象力

绿色植物装饰为空间带来勃勃生机

暴露的管道营造出粗犷、自然的室内氛围

纹理清晰的地板显得朴素、自然

木质的背景传递出朴实、自然的室内基调，蓝色的挂画与橙黄色的背景形成色彩的对比效果，突出了墙面的装饰效果

走地灯的设计丰富了室内的光影效果，也烘托出朦胧、浪漫的就餐情调

粗犷的石头制造出墙面的凹凸感，也使室内空间显得简约、大气，天然随性

墙面的绿植营造出清新、自然的室内环境氛围，传递出浓郁的生活情趣

图 5-24　室内陈设品搭配设计（14）

思考题

分析 10 幅室内陈设品设计案例图，并制作成 PPT 进行讲演。

优秀室内软装饰设计案例欣赏

【学习目标】

1. 了解室内软装饰设计的全套设计文本制作方法和技巧；

2. 能运用相关设计软件制作全套室内软装饰设计方案文本。

【教学方法】

1. 讲授、图片展示结合课堂提问，通过典型的室内软装饰设计方案文本的展示、分析与讲解，启发和引导学生的设计思维，训练学生的设计文本制作能力和设计图片搭配能力；

2. 遵循教师为主导、学生为主体的原则，采用启发式提问结合现场作品的分析与点评的教学方式，调动学生积极思考，鼓励学生探究设计规律。

【学习要点】

1. 室内软装饰设计方案文本的版式设计技巧；

2. 室内软装饰设计方案文本的文化内涵体现；

3. 室内软装饰设计方案文本的设计说明撰写技巧。

案例一：H2O 成都后花园会所室内软装饰设计方案（图 6-1～图 6-20）

图 6-1　H2O 成都后花园会所室内软装饰设计案例（1）

首层大堂以原木色的铺装，以及全景天窗结构的贯穿，为整个空间赋予了灵性，地面大理石不规则的铺装与钢结构相应。在家私饰品的选择上以室内空间的色彩为主饰品的形态，以运动的体感而设计

图 6-2　H2O 成都后花园会所室内软装饰设计案例（2）

会所空间软装陈设元素
——Soft outfit club space display elements

大自然本体符号的空间色彩形态契合运动元素的特征，会所软装陈设的家具布艺色彩元素都源于此，灵于型，染于色……

图 6-3　H2O 成都后花园会所室内软装饰设计案例（3）

会所空间软装陈设元素
——Soft outfit club space display elements

空间的装饰元素源于大自然的色彩空间艺术形态

图 6-4　H2O 成都后花园会所室内软装饰设计案例（4）

会所首层大堂平面布置图
——The first floor lobby layout

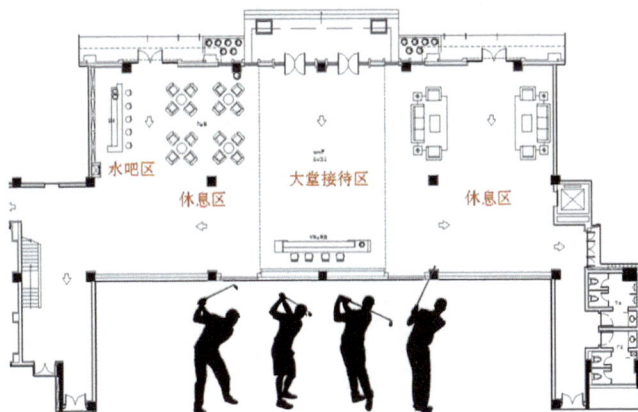

水吧区　休息区　大堂接待区　休息区

软装陈设设计元素

空间体态符号的出现无疑为空间赋予了设计元素的共性，此会所是以运动健身为主。在家具、布艺、饰品等形态的选择上都会衍生运动的符号元素特征，使空间具有独特的艺术氛围和空间元素，使之贯穿整个立面的体量构图

图 6-5　H2O 成都后花园会所室内软装饰设计案例（5）

会所首层大堂软装陈设设计
——The first floor lobby soft outfit display design

FO9
艺术壁饰

FO1
四人沙发

FO5
地毯

FO3
单人沙发

FO2
沙发边几

FO7
花器摆件

FO4
茶几

FO8
大堂接待椅

图 6-6　H2O 成都后花园会所室内软装饰设计案例（6）

会所首层大堂软装陈设设计
——The first floor lobby soft outfit display design

F03
吧椅

F01
休息区单椅

F01
休息区圆桌

P01
装饰画立面效果

P01
艺术挂画

图 6-7　H2O 成都后花园会所室内软装饰设计案例（7）

会所首层棋牌大厅贵宾室软装陈设设计
——Soft outfit club first chess hall furnishings design

F04
台灯

F07
吊灯

F06
窗帘

F02
三人沙发

F04
沙发边几

F01
茶几

F03
双人沙发

图 6-8　H2O 成都后花园会所室内软装饰设计案例（8）

会所首层棋牌大厅贵宾室软装陈设设计
——Soft outfit club first chess hall furnishings design

F04
边几台灯

F04
沙发边几

P01
艺术挂画

P01
挂画立面效果

F01
电视柜

P01
Hang a picture of art

图 6-9　H2O 成都后花园会所室内软装饰设计案例（9）

会所首层棋牌大厅软装陈设设计
——Soft outfit club first chess hall furnishings design

F02
边几台灯

F06
艺术壁饰

F03
单人沙发

F02
沙发边几

F01
三人沙发

F05
地毯

图 6-10　H2O 成都后花园会所室内软装饰设计案例（10）

会所首层台球休息区软装陈设设计
——Club first billiards rest area soft furnishings design

F04
吊灯

P01
艺术挂画

F05
窗帘

F06
休闲沙发

F02
双人沙发

F02
吧台吧椅

F02
休息区茶几

F02
沙发边几

图 6-11　H2O 成都后花园会所室内软装饰设计案例（11）

会所首层台球休息区软装陈设设计
——Club first billiards rest area soft furnishings design

P01
泳池走道挂画

F01
台球桌

F02
球桌吊灯

P02
装饰画

图 6-12　H2O 成都后花园会所室内软装饰设计案例（12）

会所首层棋牌包厢软装陈设设计
——Club first chess rooms soft furnishings design

P01
艺术挂画

F05
窗帘

F06
茶水柜

F07
吊灯

F02
棋牌单椅

F04
茶几

F01
棋牌桌

图 6-13　H2O 成都后花园会所室内软装饰设计案例（13）

会所首层棋牌包厢软装陈设设计
——Club first chess rooms soft furnishings design

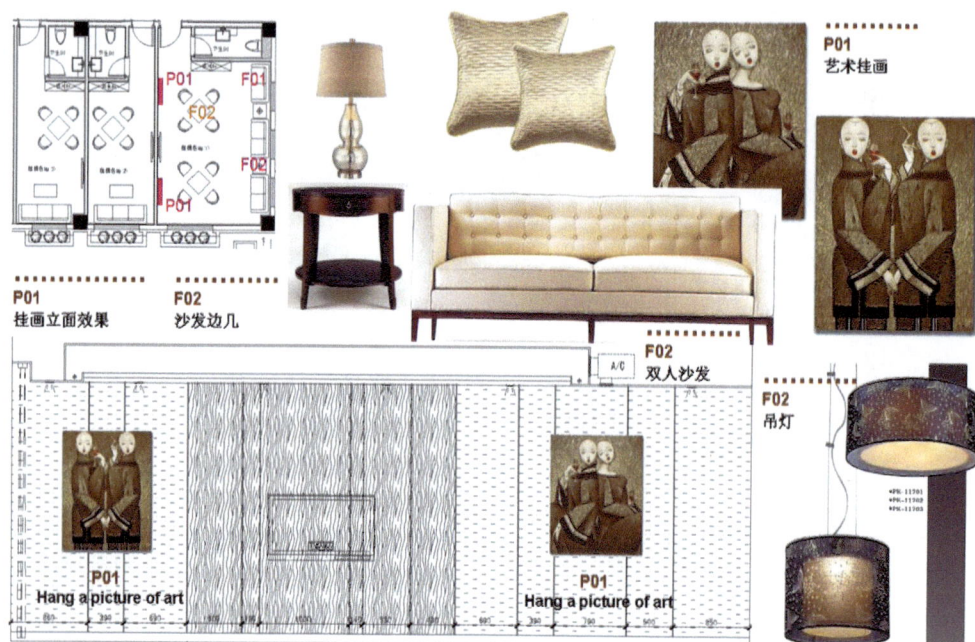

P01
艺术挂画

P01
挂画立面效果

F02
沙发边几

F02
双人沙发

F02
吊灯

图 6-14　H2O 成都后花园会所室内软装饰设计案例（14）

会所游泳馆软装陈设设计
——Club swimming pool soft furnishings design

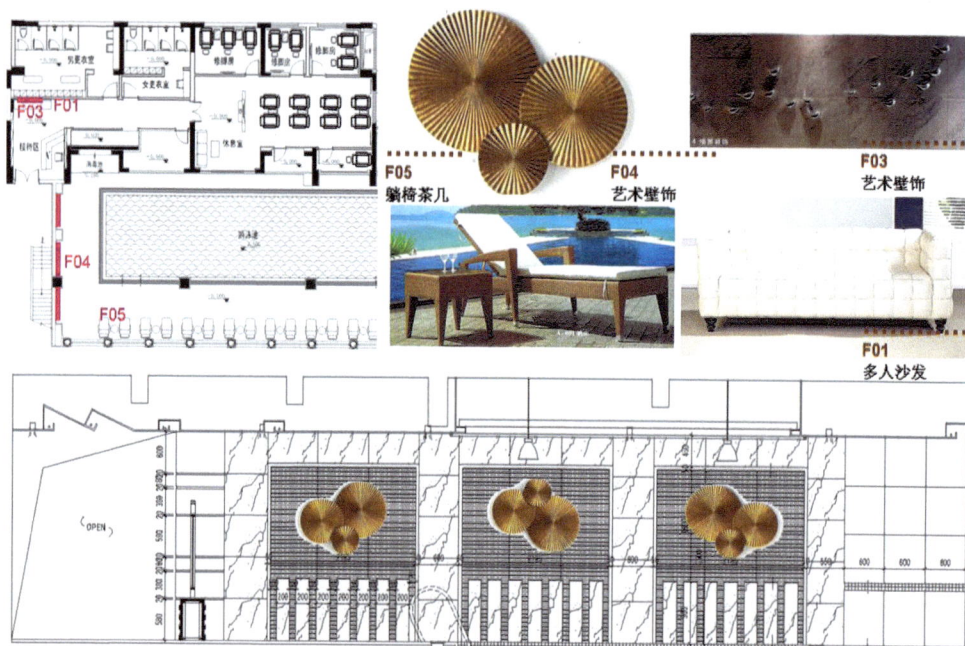

F05
躺椅茶几

F04
艺术壁饰

F03
艺术壁饰

F01
多人沙发

图 6-15　H2O 成都后花园会所室内软装饰设计案例（15）

会所首层棋牌大厅软装陈设设计
——Soft outfit club first chess hall furnishings design

F04
窗帘

F03
背几

F06
双人沙发

F06
茶几

F02
方桌

F01
棋牌单椅

图 6-16　H2O 成都后花园会所室内软装饰设计案例（16）

会所游泳馆修脚房软装陈设设计
——Club swimming pool pedicure room soft furnishings design

P01
艺术挂画

F03
艺术壁饰

F01
躺椅

F06
窗帘

F05
装饰台

F03
三人沙发

F04
茶几

F02
边几

图 6-17　H2O 成都后花园会所室内软装饰设计案例（17）

会所二层茶室包房走道软装陈设设计

——Club floor tea room room corridor soft furnishings design

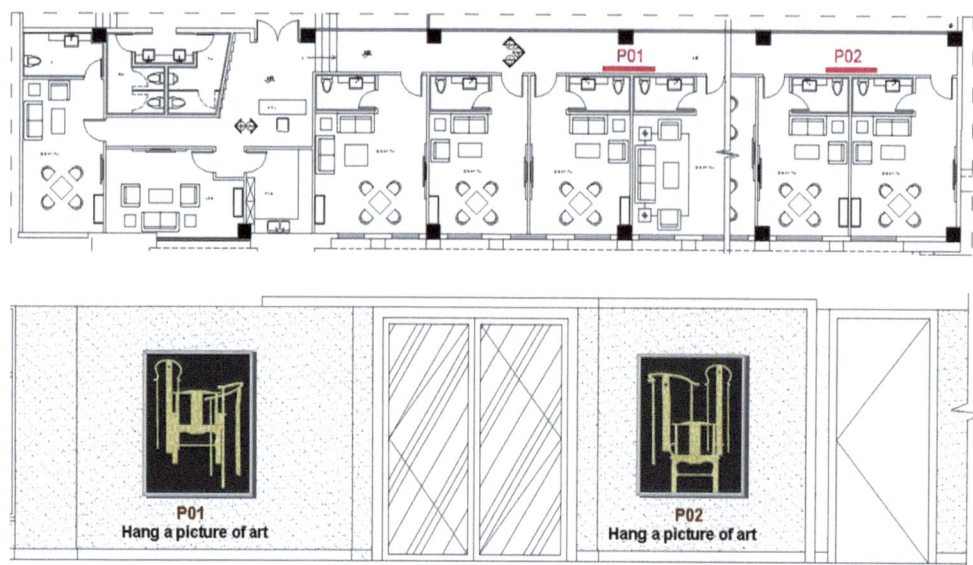

P01
Hang a picture of art

P02
Hang a picture of art

图 6-18　H2O 成都后花园会所室内软装饰设计案例（18）

会所二层茶室包房软装陈设设计

——Club floor tea room rooms soft furnishings design

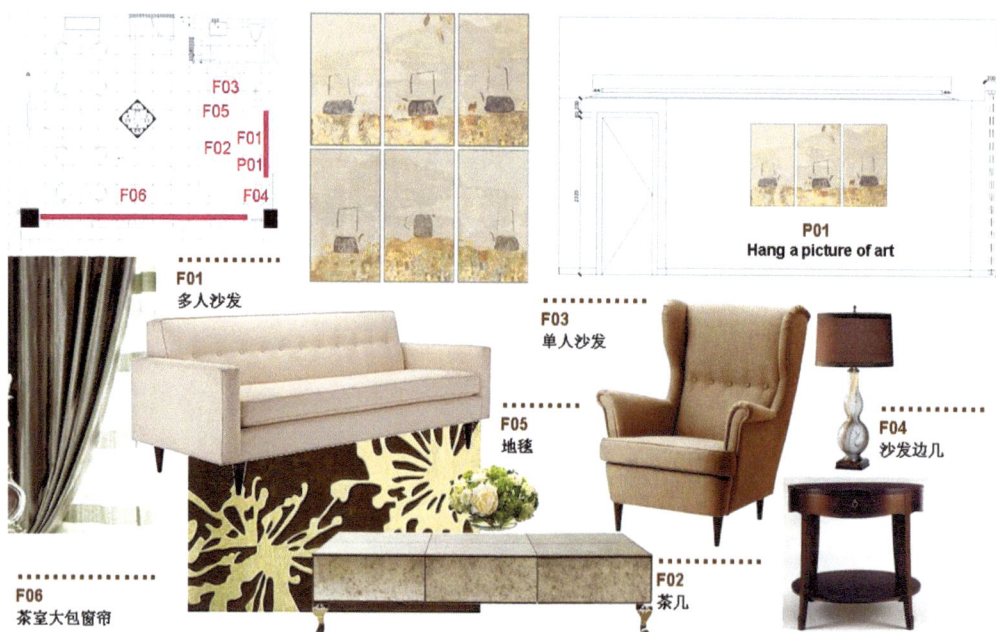

F03
F05
F02 F01
P01
F06 F04

P01
Hang a picture of art

F01
多人沙发

F03
单人沙发

F05
地毯

F04
沙发边几

F06
茶室大包窗帘

F02
茶几

图 6-19　H2O 成都后花园会所室内软装饰设计案例（19）

会所二层屋顶花园软装陈设设计
——Club on the second floor roof garden soft furnishings design

图 6-20 H2O 成都后花园会所室内软装饰设计案例（20）

案例二：建发漳州西湖壹号样板间室内软装饰设计方案（图 6-21～图 6-40）

Jianfa Zhangzhou Longyan yunzhunan exhibition area project ,Fujian ,China建发漳州西湖壹号项目,福建,中国

Interior furnishing design 室内陈设设计

图 6-21 建发漳州西湖壹号样板间室内软装饰设计方案（1）

图 6-22　建发漳州西湖壹号样板间室内软装饰设计方案（2）

图 6-23　建发漳州西湖壹号样板间室内软装饰设计方案（3）

九龙江，亦名漳州河，是福建省仅次于闽江的第二大河流。最早名"柳营江"，因六朝以来"戍闽者屯兵于龙溪，阻江为界，插柳为营"故名。九龙江在古代叫作漳州溪，别称漳水。据《龙溪县志》记载：梁朝大同六年，有九条龙白天在漳州溪戏水。梁武帝听到这个消息后赐名漳州溪为"龙溪"，并且批准建立龙溪县，"九龙江"也因此得名。2022年福建九龙江西溪荣获第二届"最美家乡河"

ELEMENT EXTRACTION 元素提炼

图 6-24　建发漳州西湖壹号样板间室内软装饰设计方案（4）

提取
EXTRACT

再造
REENGINEERING

融合
FUSION

PATTERN DESIGN 纹样设计

图 6-25　建发漳州西湖壹号样板间室内软装饰设计方案（5）

图 6-26　建发漳州西湖壹号样板间室内软装饰设计方案（6）

图 6-27　建发漳州西湖壹号样板间室内软装饰设计方案（7）

图 6-28　建发漳州西湖壹号样板间室内软装饰设计方案（8）

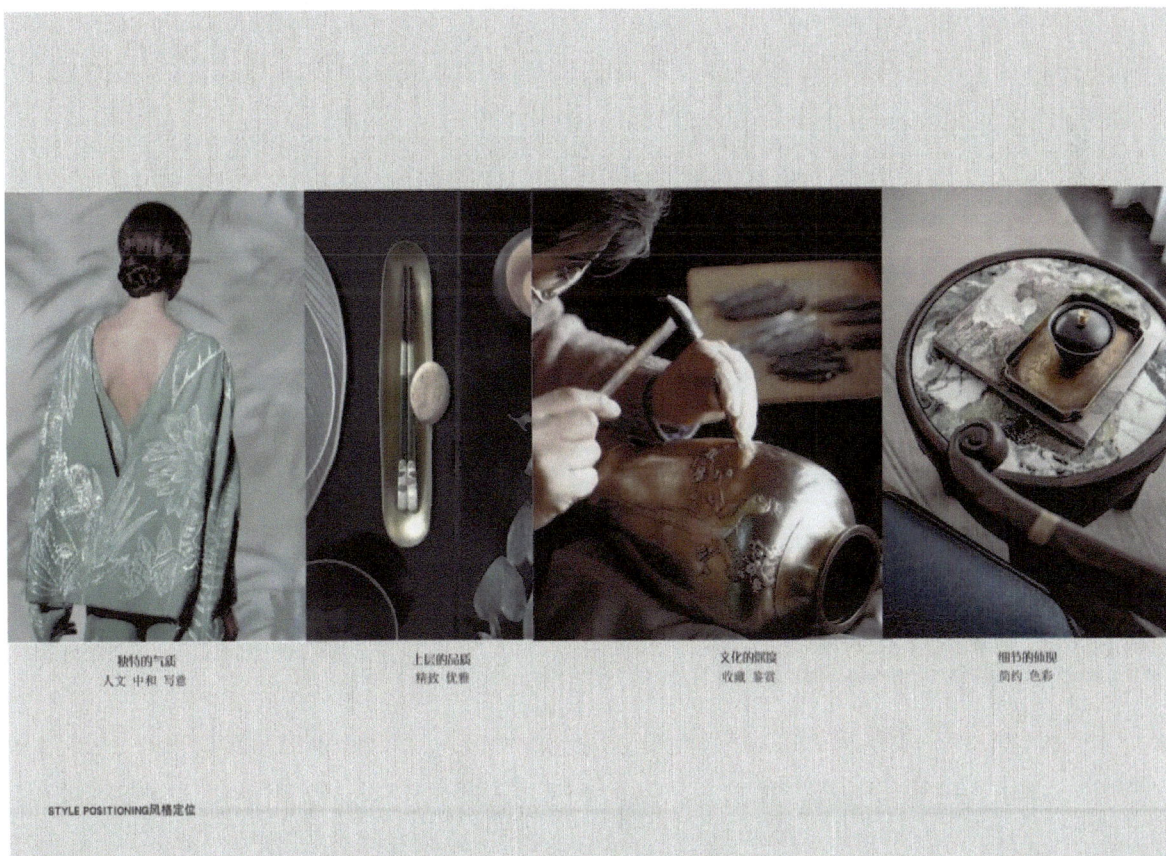

图 6-29　建发漳州西湖壹号样板间室内软装饰设计方案（9）

ANALYSIS OF MATERIALS材料分析

图 6-30　建发漳州西湖壹号样板间室内软装饰设计方案（10）

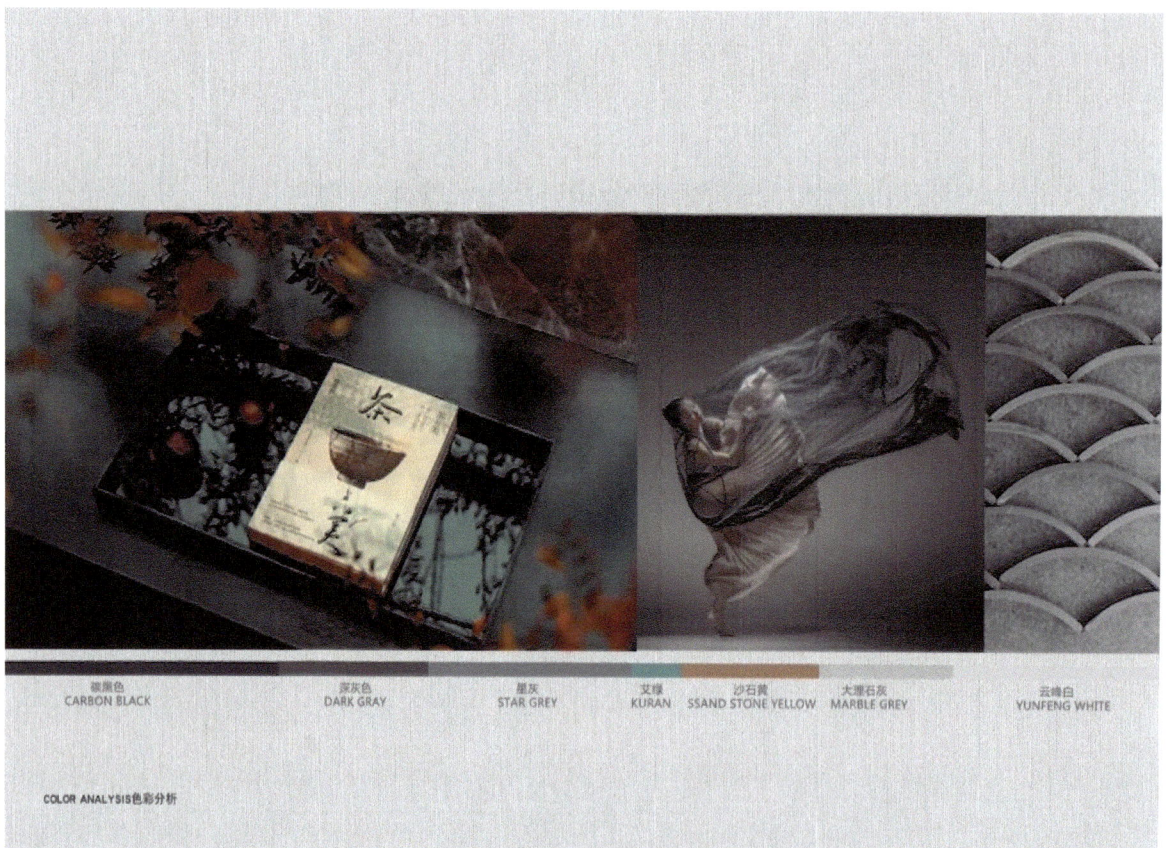

| 碳黑色 | 深灰色 | 星灰 | 艾绿 | 沙石黄 | 大理石灰 | 云峰白 |
| CARBON BLACK | DARK GRAY | STAR GREY | KURAN | SSAND STONE YELLOW | MARBLE GREY | YUNFENG WHITE |

COLOR ANALYSIS色彩分析

图 6-31　建发漳州西湖壹号样板间室内软装饰设计方案（11）

A RENDERING OF THE GUEST RESTAURANT客餐厅效果图

图 6-32　建发漳州西湖壹号样板间室内软装饰设计方案（12）

A RENDERING OF THE LIVING ROOM客厅效果图

图 6-33　建发漳州西湖壹号样板间室内软装饰设计方案（13）

图 6-34　建发漳州西湖壹号样板间室内软装饰设计方案（14）

图 6-35　建发漳州西湖壹号样板间室内软装饰设计方案（15）

图 6-36 建发漳州西湖壹号样板间室内软装饰设计方案（16）

图 6-37 建发漳州西湖壹号样板间室内软装饰设计方案（17）

ACCESSORIES IN THE COAT AND HAT AREA OF THE MASTER BEDROOM主卧·衣帽区配饰

图 6-38 建发漳州西湖壹号样板间室内软装饰设计方案（18）

BOYS' ROOM ACCESSORIES男孩房配饰

图 6-39 建发漳州西湖壹号样板间室内软装饰设计方案（19）

图 6-40　建发漳州西湖壹号样板间室内软装饰设计方案（20）

案例三：万科天津武清西苑样板间室内软装饰设计方案（图 6-41～图 6-60）

图 6-41　万科天津武清西苑样板间室内软装饰设计方案（1）

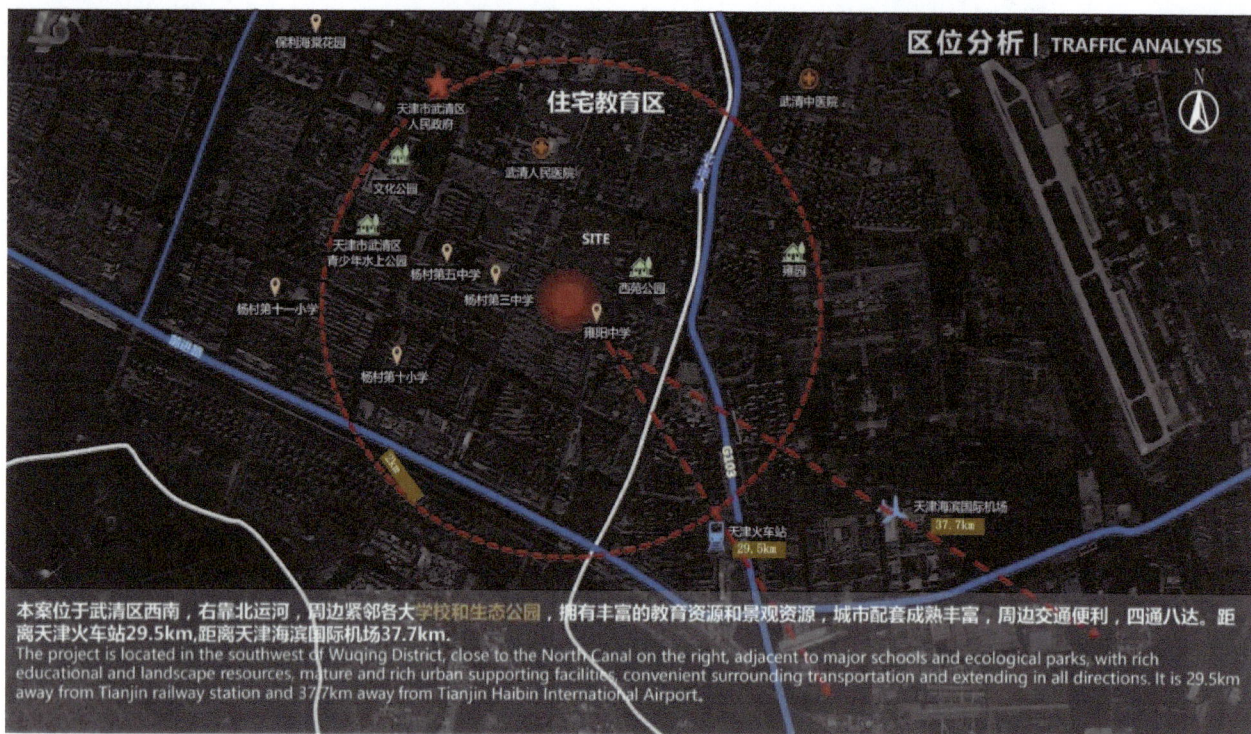

图 6-42 万科天津武清西苑样板间室内软装饰设计方案（2）

图 6-43 万科天津武清西苑样板间室内软装饰设计方案（3）

图 6-44　万科天津武清西苑样板间室内软装饰设计方案（4）

图 6-45　万科天津武清西苑样板间室内软装饰设计方案（5）

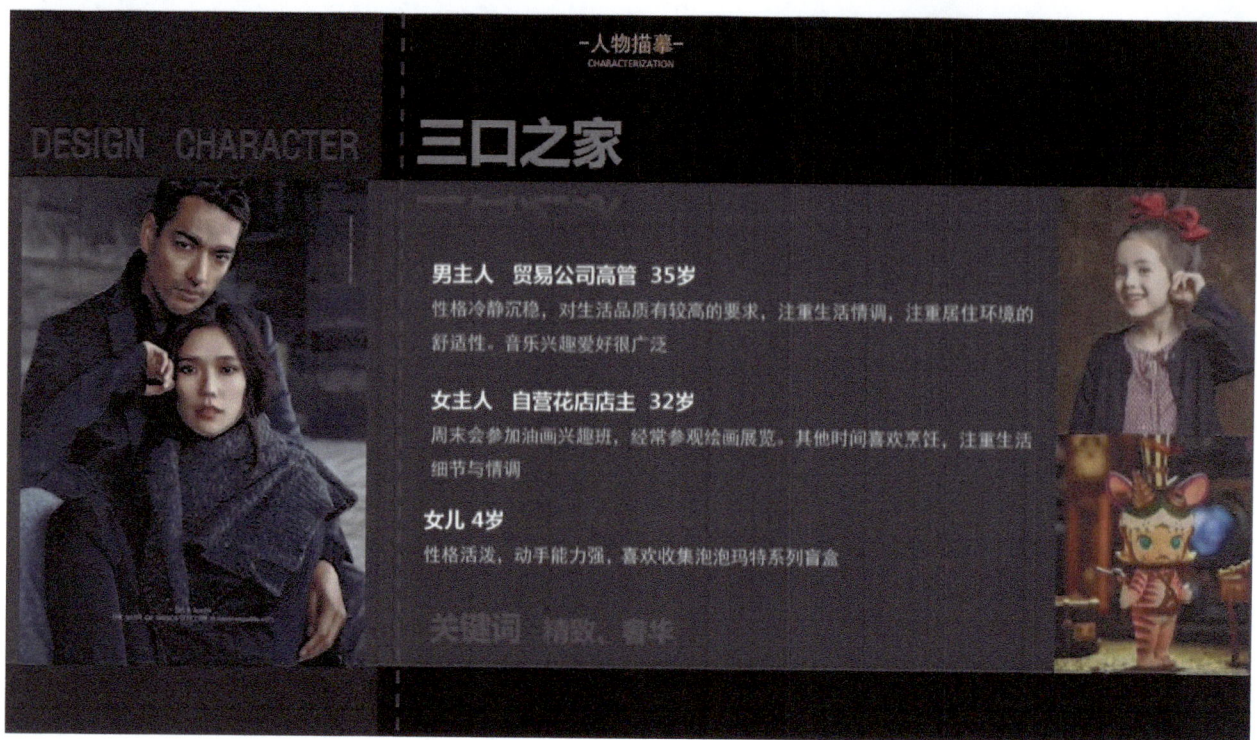

图 6-46　万科天津武清西苑样板间室内软装饰设计方案（6）

图 6-47　万科天津武清西苑样板间室内软装饰设计方案（7）

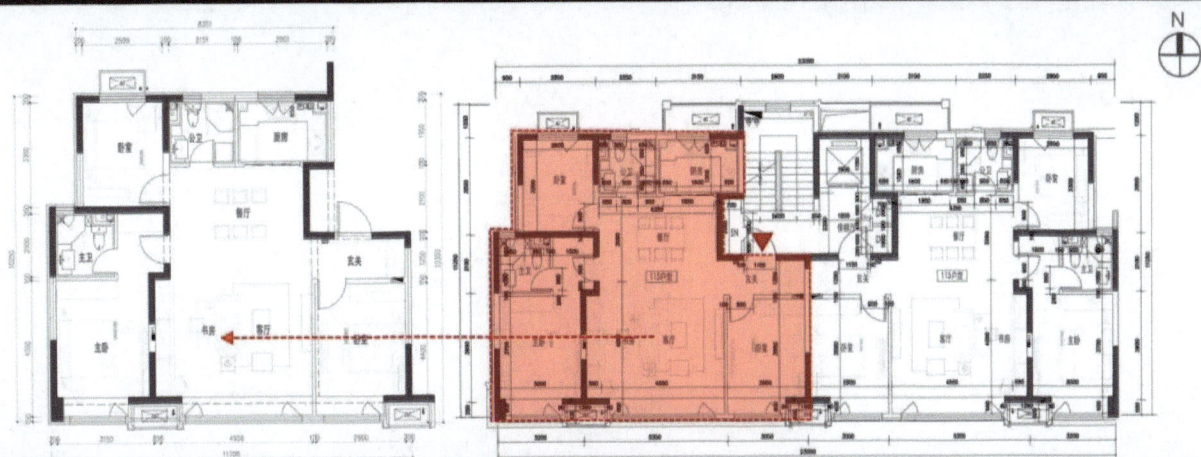

115m²户型	
设计面积	100m²
户型结构	三室两厅两卫

图 6-48　万科天津武清西苑样板间室内软装饰设计方案（8）

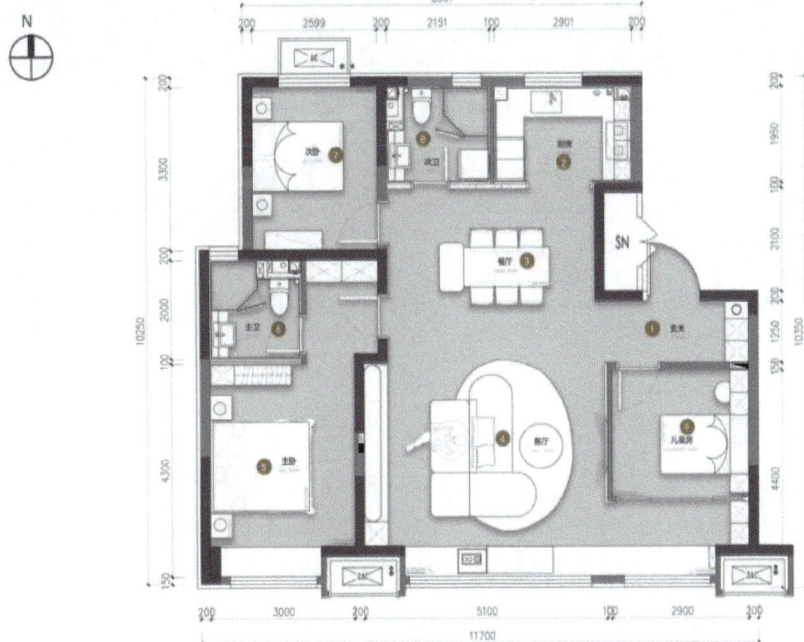

图 6-49　万科天津武清西苑样板间室内软装饰设计方案（9）

图 6-50 万科天津武清西苑样板间室内软装饰设计方案（10）

图 6-51 万科天津武清西苑样板间室内软装饰设计方案（11）

图 6-52　万科天津武清西苑样板间室内软装饰设计方案（12）

图 6-53　万科天津武清西苑样板间室内软装饰设计方案（13）

图 6-54　万科天津武清西苑样板间室内软装饰设计方案（14）

图 6-55　万科天津武清西苑样板间室内软装饰设计方案（15）

图 6-56　万科天津武清西苑样板间室内软装饰设计方案（16）

图 6-57　万科天津武清西苑样板间室内软装饰设计方案（17）

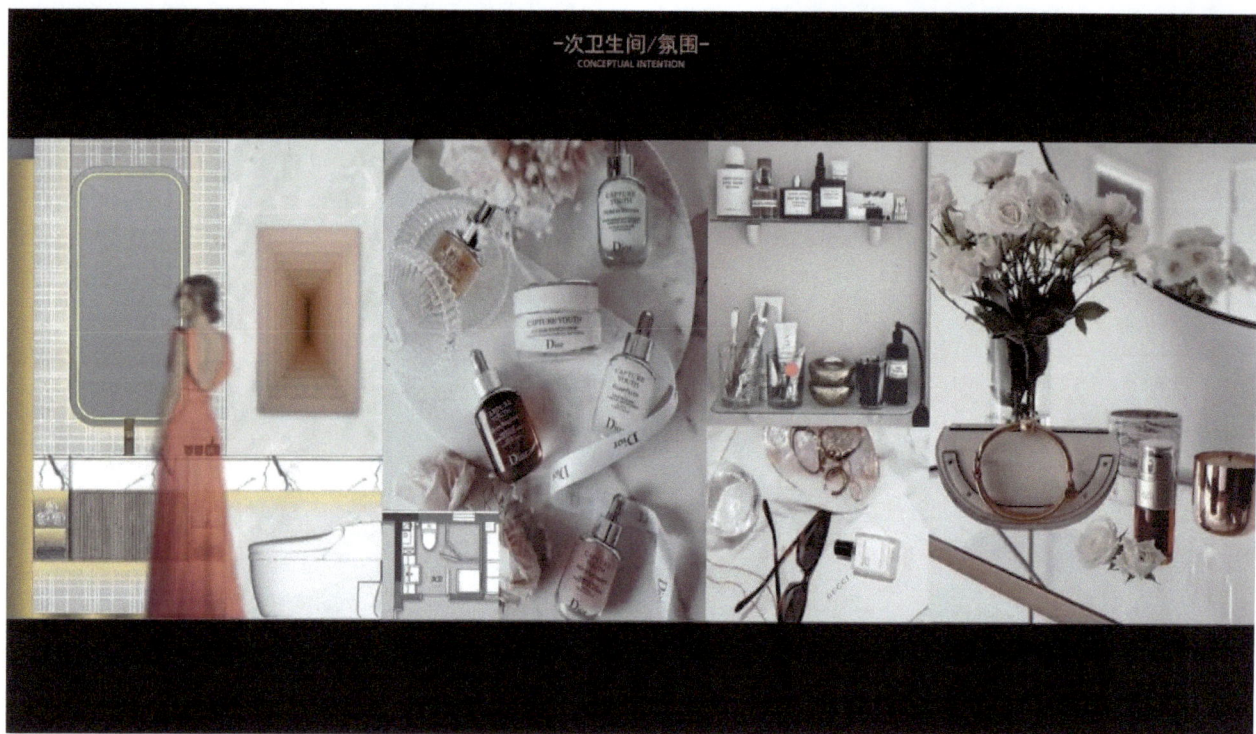

图 6-58　万科天津武清西苑样板间室内软装饰设计方案（18）

图 6-59　万科天津武清西苑样板间室内软装饰设计方案（19）